简明禽病诊断手册

张国中　主编

中国农业大学出版社

·北京·

内 容 简 介

本书针对鸡的 26 种常见多发病和新发病，从病原学、流行病学、临床症状、剖检变化、诊断方法以及预防与控制措施等方面进行了系统阐述，全书配有 60 余幅彩图，均为作者在多年临床实践中所积累的。该书言简意赅，直观易懂，实用性强，适合基层兽医工作人员参考使用。

图书在版编目（CIP）数据

简明禽病诊断手册/张国中主编 . —北京：中国农业大学出版社，2017. 6
ISBN 978-7-5655-1835-5

Ⅰ. ①简…　Ⅱ. ①张…　Ⅲ. ①禽病–诊断–手册　Ⅳ. ① S858. 3-62

中国版本图书馆 CIP 数据核字（2017）第 129235 号

书　　名	简明禽病诊断手册	
作　　者	张国中　主编	
策划编辑	赵　中	责任编辑　田树君
封面设计	郑　川	
出版发行	中国农业大学出版社	
社　　址	北京市海淀区圆明园西路 2 号	邮政编码　100193
电　　话	发行部 010-62818525，8625	读者服务部 010-62732336
	编辑部 010-62732617，2618	出版部 010-62733440
网　　址	http://www.cau.edu.cn/caup	E-mail cbsszs@cau.edu.cn
经　　销	新华书店	
印　　刷	涿州市星河印刷有限公司	
版　　次	2017 年 6 月第 1 版　　2017 年 6 月第 1 次印刷	
规　　格	787×1 092　16 开本　9.75 印张　180 千字	
定　　价	60.00 元	

编 写 人 员

主　　编　张国中

编写人员（按姓氏笔画排序）

于晓慧	王　旭	冯金玲	任颖超	阮思凡
杨艳玲	杨慧明	何　佩	何梓榕	汪葆欣
宋　阳	张国中	赵　烨	赵　静	徐　刚
徐　阳	徐美玉	程晋龙	靳继惠	颜世红
薛　佳				

序

　　近年来，我国家禽产业飞速发展，随着规模化生产不断扩大，禽肉和禽蛋产量持续增加，我国已成为世界禽肉和禽蛋生产大国。其中禽肉产量稳居世界前列，禽蛋产量自 1985 年开始始终居于世界首位。2015 年我国禽肉产量 1 818 万 t，家禽出栏量达到 119.9 亿只，禽肉占有量 13.2 kg/ 人。禽蛋产量 2 999 万 t，禽蛋占有量 21.3 kg/ 人，高于发达国家人均水平。作为畜牧业的重要组成部分，我国家禽产业已成为农业和农村经济中的支柱产业。

　　当前，我国正处于快速建设现代化养殖业的历史阶段，在保证畜禽产品供给的同时要求我们不断提高行业抗风险能力和畜禽产品的安全水平。尽管我国家禽产业的发展取得了举世瞩目的成就，但仍面临着诸多问题和挑战，如疫病频发，复杂程度加大，防制十分困难；养殖成本高涨；肉鸡药物残留；产品价格波动等。其中，随着养禽业集约化和规模化生产快速发展，禽病问题日益突出，禽病的发生出现了一些新特点，如疾病由急性向慢性发展，由典型性向非典型性发展，由单一病原感染向并发、继发和混合感染发展。以上情况给禽病的诊断和防控加大了难度。因此，家禽产业需要一批简单、快速、准确的诊断方法和一套实用、有效的防制技术。

　　本书是作者根据自己长期从事临床实践、教学和科研的体会，并参阅了国内外最新文献资料编写而成的，包含了常见禽病的病原学、流行病学、临床症状、剖检变化、诊断方法和预防与控制等内容，总结了国内外禽病诊断的先进技术和经验，介绍了近年来临床上常见、多发、危害严重的疾病，内容丰富，通俗易懂，科学实用，重点突出，既可作为畜牧兽医行业技能培训专用教材，也可供畜牧兽医行业基层从业人员参考使用。它的出版，必将对我国家禽产业的疾病诊断与防制工作起到新的积极作用。

甘孟侯

2016 年 12 月

前　言

　　诊断是动物疫病防控工作中的重要一环，也是反映国家动物防疫工作水平的一个重要标志。《简明禽病诊断手册》紧紧围绕新城疫、禽流感、传染性支气管炎、安卡拉病等26种鸡的常见多发疫病和新发疫病，从病原学、流行病学、临床症状、剖检变化、诊断方法和预防与控制措施等几个方面进行了阐述。本书在病种上没有囊括鸡所有疫病，而是重点针对常见多发病和新发病；在内容上力求做到重点突出、简明扼要、通俗实用。特别适合从事畜牧兽医工作的专业技术人员和广大基层畜牧兽医工作者参考使用。

　　本书是作者根据多年临床工作经验总结写成的，书中的插图均为近年在实际工作中收集而来。鉴于水平有限，书中难免存在不当和不足之处，会在以后修订的过程中不断提高和完善，望广大读者见谅。

编　者

2016 年 12 月

目 录

新城疫
Newcastle disease，ND

1 病原学

新城疫（Newcastle disease, ND）又称亚洲鸡瘟，是由新城疫病毒（Newcastle disease virus, NDV）引起禽类的一种急性、高度接触性传染病。NDV 属于副黏病毒科（*Paramyxoviridae*）、禽腮腺炎病毒属（*Avulavirus*）。根据NDV 对鸡的致病力不同将其划分为高致病性毒株、中等致病性毒株和低致病性毒株 3 类。高致病性毒株可引起各种年龄易感鸡的死亡；中等致病性毒株可引起中度的呼吸症状和较低的死亡率；低致病性毒株只表现轻微的呼吸道感染或隐性肠道感染，多为用作疫苗的病毒株[1]。该病是目前严重危害我国养禽业、必须通过疫苗进行防控的重大动物疫病之一。

2 流行病学

本病在自然条件下可发生于鸡、火鸡、鸵鸟和鸽等，近年来鹅、鸭等水禽也有感染发病的报道[2]。其中以鸡，尤其是幼雏和中雏易感性最高。病鸡和带毒鸡是 ND 的主要传染源，主要通过呼吸道和消化道进行传播。本病一年四季均可发生，但以春秋两季常见[3]。

3 临床症状

NDV 感染鸡临床症状具有多样性，与感染毒株、免疫状态、鸡群日龄、感染途径等因素有关，雏鸡和商品肉鸡发病时相对较为典型[4]。根据临床症状的特点可分为典型性和非典型性。

3.1 典型性

多见于未免疫或免疫力低下的鸡群，常无特征性临床症状而突然出现急性死亡。感染鸡可出现典型症状：精神沉郁，嗜睡不动，垂头缩颈或翅膀下垂；食欲减退或废绝，口角常有分泌物流出；下痢，粪便呈黄绿色；呼吸困难，张口伸颈，同时发出怪叫；产蛋鸡产蛋量明显下降，蛋壳褪色，软壳蛋、畸形蛋增多，种蛋受精率和孵化率明显下降。

3.2 非典型性

多发生于有母源抗体的雏鸡或免疫鸡群，该类型 ND 不表现典型的临床症状和病理变化。一般具有以下临床特点：出现不同程度的呼吸道症状，如呼噜、咳嗽、甩鼻等；采食量下降，粪便不成形，个别鸡排黄绿色稀粪；产蛋鸡产蛋量下降，软壳蛋、畸形蛋增多，蛋壳颜色发白、蛋壳质量变薄；鸡群死淘率变化不大或稍有增加。

4 剖检变化

典型性新城疫病死鸡口腔内充满黏液，气管黏膜充血、出血；嗉囊内充满硬结未消化的饲料或酸臭的气体和液体；腺胃乳头、腺胃与肌胃交界处出血（图 1），有时有溃疡灶；十二指肠乃至整个肠道黏膜充血、出血（图 2，图 3A）；泄殖腔充血、出血；脾脏出血、坏死（图 3B）；其他组织器官通常无特征性病变。非典型性新城疫病例大多可见到喉气管黏膜不同程度的充血、出血；后期病死鸡中有时可发现腺胃乳头和肌胃角膜下、十二指肠黏膜轻度出血。

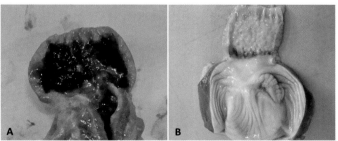

图 1　NDV 感染鸡腺胃严重出血（A）和腺胃、肌胃交界处出血（B）

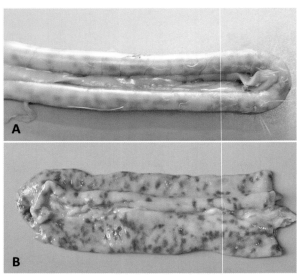

图 2 NDV 感染鸡十二指肠弥漫性出血

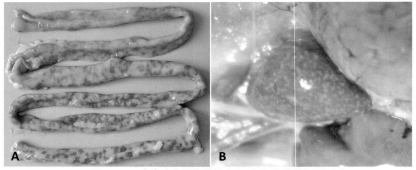

图 3 NDV 感染鸡小肠弥漫性出血（A）和脾脏坏死（B）

5 诊断方法

根据该病的流行病学、临床症状和剖检变化综合分析可做出初步诊断，确诊需要进行实验室诊断。

5.1 血清学检测方法

5.1.1 血凝（HA）和血凝抑制（HI）试验

HA 和 HI 试验是常用的 ND 抗体检测方法，广泛应用于免疫鸡群和发病鸡群的抗体检测和评估，利用 ND 单因子阳性血清也可以对具有血凝特性的未知病原进行特异性鉴定。

5.1.2 酶联免疫吸附试验（ELISA）

利用 ELISA 方法可以进行 NDV 抗原和抗体的检测，有商品化的 NDV 抗体检测 ELISA 试剂盒销售。由于 ELISA 方法的成本相对较高，目前国内应用还不是很普遍。

5.2 病原学检测方法

5.2.1 NDV 的分离和鉴定

病毒分离和鉴定是诊断 ND 最可靠的方法。选择发病初期的病鸡，采集气管或支气管、肝脏、脾脏和气管拭子作为分离病毒的样品。将处理好的病料经尿囊腔途径接种 9 ～ 11 日龄 SPF 鸡胚，收集尿囊液，选择 HA 阳性的样品进一步利用 HI 试验进行病毒鉴定。

5.2.2 反转录 - 聚合酶链式反应（RT-PCR）

RT-PCR 是目前最常用的检测 NDV 的分子诊断方法，具有准确、快速、灵敏等优点。现已有多种成熟的 RT-PCR 检测方法，但常规的 RT-PCR 方法一般不能区分野毒和疫苗株，至少要结合测序分析才更有实际意义。

6 预防与控制

应采取综合性的防控措施，包括加强饲养管理、严控环境卫生，做好雏鸡的隔离防护工作，定期接种疫苗和加强免疫效果监测，是目前有效防控该病的关键。要注意常用的 LaSota 疫苗和目前主要流行的基因Ⅶ型毒株存在差别，当鸡群抗体低于 7log2 时 LaSota 疫苗的保护效力存在明显不足 [4]，因此对于 ND 多发地区或企业，特别是抗体水平较高的鸡群仍时有 ND 发生时，可使用基因Ⅶ型灭活疫苗结合经典毒株活疫苗联合防控该病[5-7]。

参考文献

[1] Miller P J, Koch G. Newcastle disease, other avian paramyxoviruses, and avian metapneumovirus infections. Diseases of poultry 13th ed , 2013, 89-138.

[2] Kaleta E F, Baldauf C. Newcastle disease in free-living and pet birds. In Alexander D J.(ed.). Newcastle disease. Kluwer Academic Publishers: Boston, MA, 1988, 197-246.

[3] Alexander D J, Aldous EW, Fuller CM. The long view: a selective review of 40 years of Newcastle disease research. Avian Pathol, 2012, 41: 329-335.

[4] Yang H M, Zhao J, Xue J, *et al*. Antigenic variation of LaSota and genotype VII Newcastle disease virus (NDV) and their efficacy against challenge with velogenic NDV. Vaccine, 2017, 35: 27-32.

[5] 赵静, 冯金玲, 靳继惠, 等. 2016 年鸡重要疫病流行动态分析. 中国家禽, 2016, 38(12): 69-72.

[6] Zhang R, Pu J, Su J L, *et al*. Phylogenetic characterization of Newcastle disease virus isolated in the mainland of China during 2001—2009. Vet. Microbiol, 2010, 141: 246-257.

[7] Hu S L, Ma H L, Wu Y T, *et al*. A vaccine candidate of attenuated genotype Ⅶ Newcastle disease virus generated by reverse genetics. Vaccine, 2009, 27: 904-910.

H5 亚型禽流感

avian influenza, AI-H5

1 病原学

禽流感（avian influenza, AI）是由禽流感病毒（avian influenza virus, AIV）引起鸡的一种急性、热性、高度接触性传染病。其病原属于正黏病毒科、A型流感病毒属[1]。根据表面糖蛋白 HA 和 NA 的血清学反应情况可进一步分为若干亚型。目前已经鉴定出来 18 个 HA 亚型和 10 个 NA 亚型[1,2]。其中 H5 亚型禽流感可以侵害机体各系统组织器官，引起禽类的大量死亡并多次引起人类的感染和死亡，被称为高致病性禽流感（highly pathogenic avian influenza, HPAI）。

2 流行病学

目前各种亚型的 A 型流感病毒几乎都已在家禽和野禽中分离到，但其分布依年份、地理位置和宿主种类而异[3]。病禽和带毒禽是主要的传染源，病毒可以通过感染禽与易感禽之间的直接接触传播或通过气溶胶及携带有病毒的污染物接触而间接传播。该病一年四季均可发生，但以晚秋和冬春寒冷季节相对多见。阴暗、潮湿、过于拥挤、营养不良、卫生状况差、消毒不严格等因素都可促进本病的发生或病情加重。

3 临床症状

不同鸡群临床保护力的不同以及不同类型毒株的致病性差异导致不同鸡群感染后的临床表现存在一定差异[4]。雏鸡阶段感染通常表现较高的死亡率；未免疫商品肉鸡感染可见死淘率明显高于正常值，并且持续的时间可能较长；大多数产蛋鸡群感染后以采食下降和产蛋下降为主要特征。病情较缓的存活禽会在感染后 3～7 d 内出现精神沉郁，头颈震颤，角弓反张，头部肿胀，流泪，呼吸困难，水和饲料消耗显著下降等症状。

4 剖检变化

雏鸡感染通常表现较为典型，可见无羽毛部位皮肤发绀，尤其是脚鳞、鸡冠和肉髯（图1）。可见皮下、浆膜下、黏膜、肌肉及内脏器官的广泛性出血，胰腺、脾脏和心脏坏死、出血，喉头、气管不同程度的出血（图2，图3）。产蛋鸡主要以卵泡变形、液化，输卵管内有黏性分泌物为剖检特征（图4，图5）。

图1 感染鸡脚鳞（A）和鸡冠、肉髯（B）出血发绀

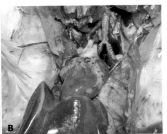

图2 感染鸡肝脏（A）和心冠脂肪（B）出血

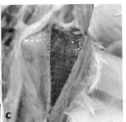

图3 感染鸡腺胃乳头出血（A）、胰腺坏死（B）和气管出血（C）

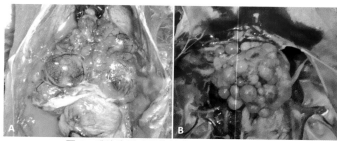

图 4　感染产蛋鸡卵泡液化（A）和萎缩（B）

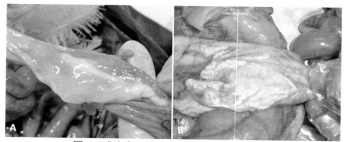

图 5　感染产蛋鸡输卵管有黏稠或稀薄液体

5　诊断方法

通过临床症状、流行病学和剖检变化分析可以做出初步诊断。确诊需要进行实验室检查。

5.1　血清学检测方法

5.1.1　血凝试验（HA）和血凝抑制试验（HI）

HA 和 HI 是目前最常用的 AI 血清学检测方法，利用该方法可以对鸡群的 AIV 抗体水平进行监测和评估，也可以用来鉴定疑似 AIV 分离株。

5.1.2　琼脂扩散试验（AGP）

AGP 可用于 A 型 AIV 抗体的检测，该方法操作简单，但敏感性偏低。如被检血清与已知 AI 沉淀抗原呈现阳性反应，即可判定禽群存在 AI 抗体，但一般不能区分野毒感染和疫苗免疫所产生的抗体。

5.1.3 中和试验

该方法主要用于检测动物血清中具有亚型特异性的中和抗体水平。由于中和试验具有较高的特异性和敏感性，因此常被用来验证 HI 试验的结果，但试验结果一般需 3～4 d 才能获得，且一般只能在专业实验室进行，因此不适合于禽流感的快速检测和诊断。

5.1.4 酶联免疫吸附试验（ELISA）

ELISA 具有较高的敏感性并且操作简便，适用于大批量样品的血清学检查。ELISA 检测方法多样，常见的有间接 ELISA、竞争 ELISA 等，该检测技术既可以检测抗原也可以检测抗体，是一种快速的临床诊断方法。

5.2 病原学检测方法

5.2.1 病毒分离与鉴定

一般咽喉拭子是分离 AIV 采样的首选[5]，也可选取感染鸡的气管和肺脏组织，通常在感染的第 1 周内取样最好。病毒分离一般在鸡胚上进行，将经双抗处理的拭子样品或病料悬液接种 9～10 日龄 SPF 鸡胚，72～96 h 后收获鸡胚尿囊液，通过测定尿囊液对鸡红细胞的凝集能力来确定病毒的存在，但应排除 NDV 等其他具有血凝特性病毒存在的可能性。

5.2.2 反转录 - 聚合酶链式反应（RT-PCR）

利用 RT-PCR 方法可对 AIV 特异性核酸进行检测从而证实病毒的存在，还可利用测序分析进一步鉴定 AIV 的不同亚型。

6 预防与控制

应采取包括加强饲养管理、提供均衡营养、实施严格的环境控制和进行合理的免疫在内的综合性防控措施[6]。一旦鸡群疑似发生 H5 亚型禽流感，应立即向有关部门通报，对确诊的感染鸡群进行扑杀并实施严格的隔离消毒。目前我国对高致病性禽流感采取强制免疫的措施，一般免疫程序为：7～10日龄进行第1次免疫，28～30日龄第2次免疫，开产前第3次免疫。但要注意应当定期监测鸡群抗体水平，以便对免疫程序进行合理的调整[4]。

参考文献

[1] Mehle A. Unusual influenza A viruses in bats. Viruses, 2014, 6: 3438-3449.

[2] Wu Y, Wu Y, Tefsen B, *el al*. Bat-derived influenza-like viruses H17N10 and H18N11. Trends Microbiol, 2014, 22(4): 183-191.

[3] Saif Y M. 禽病学.12版.苏敬良，高福，索勋主译.北京：中国农业出版社, 2012.

[4] 赵静，冯金玲，靳继惠，等.2016年鸡重要疫病流行动态分析.中国家禽，2016, 38(12): 69-72.

[5] Jindal N, de Abin M, Primus A E, *et al*. Comparison of cloacal and oropharyngeal samples for the detection of avian influenza virus in wild birds. Avian Dis, 2010, 54: 115-119.

[6] 蒋文明，陈继明.我国高致病性禽流感的流行与防控.中国动物检疫，2015, 32(6): 5-9.

H9 亚型禽流感

avian influenza, AI-H9

1　病原学

禽流感是由 A 型流感病毒（avian influenza virus, AIV）引起的禽类感染或疾病综合征[1]。其病原属于正黏病毒科，流感病毒属。H9 亚型禽流感是低致病性禽流感（lowly pathogenic avian influenza, LPAI），主要引起感染鸡的呼吸道症状、生长发育受阻及产蛋下降[2]。

2　流行病学

自然条件下 AIV 能感染多种禽类，在野禽尤其是野生水禽（如野鸭、野鹅、天鹅等）中较易分离得到。AIV 可感染任何日龄、性别及品种的禽类。传染源主要为病鸡和带毒鸡，还包括水禽和其他禽类。病毒可在污染的粪便、水、垫草等媒介中长期存活，主要通过直接接触、飞沫及粪口途径传播[1]。该病常突然发生、传播迅速，且一年四季都可发生，但以晚秋和冬春寒冷季节多见。

3　临床症状

雏鸡感染后主要表现为或轻或重的呼吸道症状，如无继发感染死亡率一般不超过 10%，但 H9 亚型 AIV 感染后多会降低机体抵抗力，导致一系列继发感染，从而明显增加鸡群死亡率。产蛋鸡在感染 H9 亚型 AIV 后，死淘率通常不高，可能出现轻微的呼吸道症状[1]，主要表现为采食量和产蛋下降[2]。产蛋下降的同时蛋品质变差，如出现蛋壳褪色、变薄、软壳蛋等。

4　剖检变化

H9 亚型 AIV 引起的病变一般比较轻微，主要可见鼻黏膜炎症，喉头、气管充血或出血（图 1）；如果发生继发感染（如发生和 IBV 的混合感染）或饲养环境不良会诱发气管栓塞（图2）；产蛋鸡感染以侵害泌尿生殖系统为主，卵泡充血、出血，多发生卵黄性腹膜炎，输卵管内有白色胶冻样和干酪样物质（图3）。

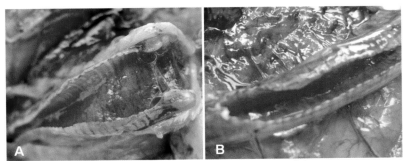

图1　H9亚型AIV感染鸡的喉头、气管充血或出血

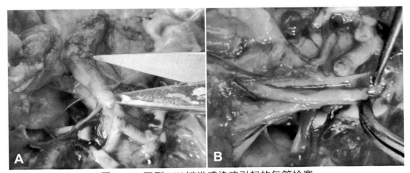

图2　H9亚型AIV继发感染鸡引起的气管栓塞

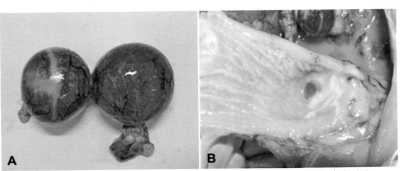

图3　H9亚型AIV感染鸡引起的卵泡充血（A）和输卵管内有白色液体（B）

5 诊断方法

H9 亚型禽流感为低致病性禽流感，临床表现和剖检变化一般不典型，易与其他疾病混淆，需依靠实验室方法进行确诊。

5.1 血清学检测方法

5.1.1 血凝抑制试验（HI）

HI 试验简便快速、特异性好，是 AIV 抗体检测和特异性鉴定的常用方法。

5.1.2 病毒中和试验（NT）

病毒中和试验是一种经典的病毒鉴定方法，许多新的检测方法都要以之为标准进行比较。但该方法相对复杂，在临床上不常用，一般需要在专业的检测实验室进行。

5.2 病原学检测方法

5.2.1 病毒分离和鉴定

进行 H9 亚型 AIV 分离最好采集喉头、气管或肺脏样品，活禽可以采集咽喉拭子。将处理好的样品接种于 9 ~ 11 日龄的 SPF 鸡胚，72 ~ 120 h 后收取尿囊液测定其血凝（HA）活性，如具有 HA 活性再采用 HI 方法鉴定其是否为 H9 亚型 AIV，如连续盲传 2 ~ 3 代仍无血凝效价即可判定为分离阴性。

5.2.2 反转录－聚合酶链式反应（RT-PCR）

RT-PCR 可用于所有亚型 AIV 感染的早期快速诊断，也可用于 AIV 亚型的鉴定[3]。与病毒分离相比，RT-PCR 诊断速度更快，敏感性更强。用该方法检测气管样本，相比其他组织样本敏感性和特异性更好。

6 预防与控制

预防 H9 亚型 AIV 要加强养禽场的饲养管理和防疫管理，并执行严格的生物安全管理制度。目前接种疫苗仍是我国预防 H9 亚型 AIV 的主要手段之一。当前主要流行的 H9 亚型 AIV 与早期毒株相比发生了一定的变异，其毒力亦有增强的趋势。早期应用的一些疫苗对 2010 年以后陆续出现的一些流行毒株保护性并不充分 [4]。进行免疫时最好选择与当地流行毒株匹配性良好且经过筛选的新毒株制备的灭活疫苗 [5]，首免可在 10 ～ 12 日龄进行，二免时间选择在 25 ～ 30 日龄，开产前进行第 3 次免疫。产蛋鸡群 HI 抗体最好维持在 9 ～ 10 log2 以上。做好雏鸡阶段的饲养管理和生物安全防护十分重要，尽量减少应激因素的出现 [6]。

参考文献

[1] Saif Y M. 禽病学 . 12 版 . 苏敬良，高福，索勋主译 . 北京：中国农业出版社 , 2012.

[2] Laudert E A, Sivanandan V, Halvorson D A. Effect of intravenous inoculation of avian influenza virus on reproduction and growth in mallard ducks. J Wildi Dis, 1993, 29: 523-526.

[3] Spackman E, Senne D A, Myers T J, et al. Development of a Real-Time reverse transcriptase PCR assay for type A influenza virus and theavian H5 and H7 hemagglutinin Subtypes. J Clin Microbiol, 2002, 40: 3256-3260.

[4] Wei Y D, Xu G L, Zhang G Z, et al. Antigenic evolution of H9N2 chicken influenza viruses isolated in China during 2009—2013 and selection of a candidate vaccine strain with broad cross-reactivity. Vet Microbiol, 2016: 1-7.

[5] 赵静，冯金玲，靳继惠，等 . 2016 年鸡重要疫病流行动态分析 . 中国家禽，2016, 38(12): 69-72.

[6] 张国中，赵继勋 . 2013 年鸡重要疫病流行动态分析 . 中国家禽，2013, 35(7): 56-57.

鸡传染性支气管炎

infectious bronchitis，IB

1　病原学

鸡传染性支气管炎（infectious bronchitis，IB）是由鸡传染性支气管炎病毒（infectious bronchitis virus，IBV）引起鸡的一种急性、高度接触性传染病。其病原属于冠状病毒科、冠状病毒属。IB 主要侵害鸡的呼吸系统、泌尿生殖系统和消化系统，可导致不同日龄的鸡发生不同程度的危害。

2　流行病学

IB 呈世界范围流行，鸡是 IBV 主要的自然宿主，也有野生鸟类及孔雀等感染的报道。所有年龄的鸡均易感，但主要侵害 1～4 周龄雏鸡，引起呼吸道症状及导致生殖系统受损，随鸡年龄的增长对 IBV 的抵抗力逐渐增强。产蛋鸡感染IB 相对少见，一旦感染会造成产蛋下降、蛋的品质降低，饲料报酬降低。本病一年四季均可发生，但以冬季最为严重，此外，寒冷、炎热、拥挤、通风不良以及营养缺乏均可促进本病发生。

3　临床症状

雏鸡感染后一般会出现特征性的呼吸道症状：喘气、咳嗽、打喷嚏、气管啰音、流鼻涕。偶见流泪、鼻窦肿胀。病鸡精神沉郁，耗料减少，体重下降。感染后症状严重程度和死亡率取决于病毒毒力和鸡群的抵抗力，一般感染率为 50%～100%，幼鸡死亡率最高可达 60% 以上 [1]。

产蛋鸡感染相对少见，一旦感染除可能出现呼吸道症状外，产蛋量和蛋品质下降，出现软壳蛋、畸形蛋和粗壳蛋。蛋内容物品质低劣，蛋清呈水样，卵黄与浓蛋白易于分离。

4 剖检变化

病鸡气管有黏液或干酪样渗出物。肾脏苍白肿大，伴随肾小管和输尿管因尿酸盐沉积而扩张[2]（图1）。雏鸡阶段感染还会使母鸡生殖系统受损导致产蛋期出现"假母鸡"或"水铃铛"鸡[3]（图2）。鸡胚的特征性病变为生长阻滞，胚胎及爪卷曲，呈现"蜷缩胚"或"弹丸胚"（图3）。

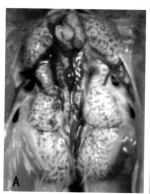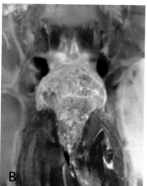

图1　IBV感染鸡肾脏肿胀、肾脏和心脏大量尿酸盐沉积

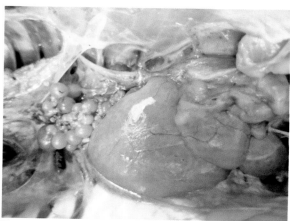

图2　IBV早期感染导致鸡生殖器官受损而出现的"水铃铛"鸡

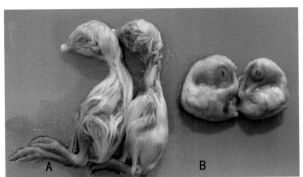

图3 IBV 感染鸡胚出现"侏儒胚"样典型病变（B），A 为 2 只正常胚

5 诊断方法

根据临床症状和剖检变化可以做出初步诊断，确诊需要依靠实验室方法。

5.1 血清学检测方法

5.1.1 酶联免疫吸附试验（ELISA）

间接 ELISA 是最常用的 IBV 抗体检测方法，有多种商品化抗体检测试剂盒。商品化 ELISA 试剂盒检测的是 IBV 群特异性抗体，一般不能用于区分血清型，也不能区分野毒感染产生的抗体和疫苗免疫产生的抗体。

5.1.2 病毒中和试验（VNT）

病毒中和试验是检测 IBV 抗体的重要方法，可用于鉴定 IBV 分离毒株的血清型，对养禽生产具有重要指导意义，但方法相对复杂，一般需要在专业的检测实验室进行。

5.1.3 血凝抑制试验（HI）

利用 HI 方法能够区分不同血清型 IBV 诱导产生的抗体，但未经特殊处理的 IBV 毒株通常不具有血凝性，制备的 IBV HI 检测抗原长时间保存也存在一定的难度，而且不是所有的毒株都可成功制备 HI 抗原。

5.2 病原学检测方法

5.2.1 IBV 的分离和鉴定

气管和肾脏是分离 IBV 采样的首选部位，一般在感染的第 1 周内取样最好。病毒分离通常可在鸡胚、气管环和细胞上进行。将处理好的病料接种 9 ～ 10 日龄 SPF 鸡胚，36 ～ 48 h 后收获接种鸡胚尿囊液，盲传 3 ～ 4 代如仍不出现鸡胚典型病变可判为阴性。

5.2.2 反转录－聚合酶链式反应（RT-PCR）

利用 RT-PCR 方法可以对 IBV 特异性核酸进行检测从而证实病毒的存在，但一般常规的 RT-PCR 方法不能区分疫苗毒和野毒株，需要其他方法辅助，如基因测序分析等。

6 预防与控制

应采取包括加强饲养管理、提供均衡营养、实施严格的环境控制和进行合理的免疫在内的综合防控措施。目前国内 IBV 主要流行毒株以 QX 型为主，可以占到临床分离株的 70% 以上[4]，TW 型毒株近年分离率有所增加，但利用 QX 型疫苗可以产生较好的保护[5,6]。因此目前从 IB 免疫的角度讲，将 M41 相关疫苗（如 H120 株）和 QX 型疫苗联用可以较好地覆盖中国的流行毒株，建议的免疫程序：1 ～ 3 日龄免疫 H120 弱毒疫苗，7 ～ 8 日龄免 QX 型疫苗，21 日龄免 H120 弱毒疫苗，开产前进行 M 型和 QX 型疫苗的联合免疫。

参考文献

[1] Feng J, Hu Y, Ma Z, *et al*. Virulent avian infectious bronchitis virus, People's Republic of China. Emerg Infect Dis, 2012, 18: 1994-2001.

[2] Zhao Y, Cheng J L, Liu X Y, *et al*. Safety and efficacy of an attenuated Chinese QX-like infectious bronchitis virus strain as a candidate vaccine. Vet Microbiol, 2015, 180: 49-58.

[3] Zhong Q, Hu Y X, Jin J H, *et al*. Pathogenicity of virulent infectious bronchitis virus isolate Y N on hen ovary and oviduct. Vet Microbiol. 2016, 193:100-105.

[4] Zhao Y, Zhang H, Zhao J, *et al*. Evolution of infectious bronchitis virus in China over the past two decades. J Gen Virol. 2016, 97:1566–1574.

[5] Xu G, Liu X Y, Zhao Y, *et al*. Characterization and analysis of an infectious bronchitis virus strain isolated from southern China in 2013. Virol J. 2016, 13: 40.

[6]Yan S H, Chen Y, Zhao J, *et al*. Pathogenicity of a TW-Like strain of infectious bronchitis virus and evaluation of the protection induced against it by a QX-Like strain. Front Microbiol. 2016, 7: 1653.

鸡传染性喉气管炎

infectious laryngotracheitis, ILT

1 病原学

鸡传染性喉气管炎（infectious laryngotracheitis, ILT）是由鸡传染性喉气管炎病毒（infectious laryngotracheitis virus, ILTV）引起鸡的一种急性、接触性呼吸道传染病[1]。其病原属于 α 疱疹病毒亚科、禽疱疹病毒Ⅰ型。ILTV 只有一个血清型，但不同毒株毒力强弱有所差别。该病主要侵害鸡的呼吸系统，具有传播快、死亡率较高的特点[2, 3]。

2 流行病学

ILT 主要呈地方性流行。鸡是其自然宿主，不同品种和年龄的鸡均易感，但以成年鸡和青年鸡感染的症状最为典型。鸡对 ILT 的易感性和死亡率都随着年龄的增长而降低，母鸡的易感性和死亡率比公鸡低。该病一年四季都会发生，以冬春季节发病较多[4]。病鸡和带毒鸡是本病的主要传染源，病毒主要存在于气管和上呼吸道分泌液中，通过咳出的血液和黏液排出，污染的垫料、饲料和饮水可成为传播媒介。

3 临床症状

病鸡主要表现精神沉郁，呼吸困难、气喘、咳出带血的分泌物，鼻孔有分泌物，呼吸时发出湿性啰音；迅速消瘦，鸡冠发绀，有时排绿色稀粪，衰竭死亡。缓和病例病鸡出现生长迟缓，产蛋减少，结膜炎、流泪、眼睑肿胀和精神沉郁。感染时发病率可达到 90% ～ 100%，但死亡率差异较大，从 5% 到 70% 不等，一般为 10% ～ 20%。蛋鸡产蛋量下降 10% ～ 60%，一般 2 ～ 3 周后可逐渐恢复[5, 6]。

4 剖检变化

该病的典型病变为喉头和气管黏膜充血和出血（图1A）。喉部黏膜肿胀出血，轻微时表现为过量的黏液性分泌物，严重时可见喉气管内有干酪样假膜，将气管完全堵塞（图1B）。炎症也可扩散到支气管、肺和气囊或眶下窦，比较缓和的病例，仅见结膜和窦内上皮的水肿及充血。

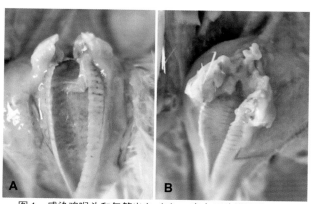

图1 感染鸡喉头和气管出血（A），存在干酪样假膜（B）

5 诊断方法

根据流行病学、特征性临床症状和典型剖检变化可以做出初步诊断，确诊需要依靠实验室方法。

5.1 血清学检测方法

5.1.1 酶联免疫吸附试验（ELISA）

ELISA是最常用的ILTV抗体检测方法，有商品化ELISA抗体检测试剂盒可供使用，适用于大量血清样品的检测，但不能用于区分野毒感染产生的抗体和疫苗免疫产生的抗体。

5.1.2　病毒中和试验（VNT）

用已知的抗血清与待检病毒混合，在37℃温箱中作用1 h，然后接种10～11日龄鸡胚或细胞培养物进行病毒中和试验，若特异性血清能很好地中和病毒，则可以确定为ILTV。虽然ILTV仅有一个血清型，但其抗原性存在差异，有些毒株并不能被已知标准毒株的抗血清中和，因此，若抗血清不能中和病毒时，也不能排除有ILTV的可能性，还应该结合其他诊断结果做出判定。

5.1.3　琼脂免疫扩散试验（AGID）

应用琼脂扩散试验方法可以快速、简便地检测病鸡群的ILTV的特异性抗体，但该方法的敏感性较其他诊断方法低。

5.1.4　间接免疫荧光抗体技术（IFA）

应用荧光抗体技术可以快速、特异地检出ILTV感染后2～7 d喉气管黏膜和结膜上皮涂片和其切片标本中的病毒抗原，其检出率高于病毒分离方法。

5.2　病原学检测方法

5.2.1　ILTV的分离和鉴定

呼吸道黏膜是ILTV采样的首选部位，一般在感染的第1周内取样最好。病毒分离通常在鸡胚上进行。将处理好的病料通过绒毛尿囊膜（CAM）途径接种10～11日龄SPF鸡胚，定期检查鸡胚病变情况，若在3～5 d内形成特征性水肿及痘斑（图2），并结合临床症状，排除如鸡痘等疾病，可以确诊为ILTV。也可用鸡胚肝细胞和肾细胞来分离ILTV，通常在接胚后24 h内可观察到细胞病变。

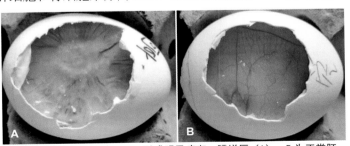

图2　ILTV人工接种胚CAM形成明显痘斑、膜增厚（A），B为正常胚

5.2.2　聚合酶链式反应（PCR）

利用 PCR 方法可以对 ILTV 特异性核酸进行检测从而证实病毒的存在，该方法快速而敏感，但一般常规的 PCR 方法不能区分疫苗毒和野毒株，需要借助其他方法，如基因测序分析等。

5.2.3　包涵体检查

取发病后 2～3 d 的喉头黏膜上皮或者将病料接种鸡胚，取死胚的绒毛尿囊膜做包涵体检查，可见细胞核内有包涵体。

6　预防与控制

坚持严格隔离和消毒是防止本病流行的有效方法，为防止强毒进入鸡群，必须采取严格的生物安全措施：做好日常的隔离、卫生和消毒工作，防止一切带毒动物和污染物进入鸡群；对进出的人员、车辆及用具进行消毒；保证饲料及饮水来源安全。发病鸡群，需对病鸡群进行隔离，病死鸡进行无害化处理（深埋、焚烧或化制）。

除采取综合性防制措施外，疫苗免疫接种仍然是预防和控制 ILT 的主要措施。疫苗接种虽然不能完全阻止强毒感染和排毒，但可以降低 ILTV 侵入鸡群而带来的经济损失，尽可能降低发病风险。

参考文献

[1] 徐美玉, 赵烨, 朱发江, 等. 表达 ILTV gB 和 UL32 基因的重组鸡痘病毒疫苗安全性和稳定性分析. 中国兽医杂志, 2015, 51(2): 6-12.

[2] 殷震, 刘景华. 动物病毒学. 2 版. 北京: 科学出版社, 1997.

[3] Saif Y M. 禽病学. 12 版. 苏敬良, 高福, 索勋主译. 北京: 中国农业出版社, 2012.

[4] Bagust T J, Johnson M A. Avian infectious laryngotracheitis: Virus-host

interactions in relation to prospects for eradication. Avian Pathol, 1995, 24: 373-391.

[5] Sellers H S, Garcia M, Glisson J R, *et al*. Mild infectious laryngotracheitis in broilers in the southeast. Avian Dis, 2004, 48: 30-36.

[6] Guo P X, Scholz E, Turek J, *et al*. Assembly pathway of avian infectious laryngotracheitis virus. Am J Vet Res, 1993, 54: 2029-2031.

传染性法氏囊病
infectious bursal disease, IBD

1　病原学

鸡传染性法氏囊病（infectious bursal disease, IBD）是由鸡传染性法氏囊病病毒（infectious bursal disease virus, IBDV）引起的主要危害幼龄鸡的一种急性、烈性、高度接触性传染病[1]，是目前养禽业的重要疫病之一。其病原属于双RNA病毒科、禽双RNA病毒属[2]。幼龄鸡感染后发病率高、病程短、死亡率高，并能引起免疫抑制，诱发多种疾病或导致疫苗免疫失败。

2　流行病学

IBD呈世界范围流行，鸡和火鸡是IBDV的自然宿主，也有从其他鸟类体内分离到病毒或检测到抗体的报道。所有品系的鸡均可发病，无明显的季节性，一般2～12周龄鸡多发，主要见于15～35日龄雏鸡[3]。近年临床分离的毒株多属于IBDV超强毒株（vvIBDV），且流行毒株之间具有较高的序列同源性[4]。病鸡和带毒鸡是该病的主要传染源，其排出的粪便中含有大量病毒，并可通过污染的饲料、饮水、垫草、用具等进行传播。

3　临床症状

本病发病急、传播快，鸡感染后潜伏期一般为1～2 d，出现症状后1～3 d出现死亡，5～7 d达到高峰，随后很快平息。典型感染多见于新疫区或高度易感鸡群，常呈急性暴发，出现典型症状。病初常见个别鸡突然发病，精神不振，啄肛。1 d左右波及全群，病鸡表现为精神沉郁，食欲下降，羽毛蓬松，翅下垂，闭目打盹，畏寒，腹泻，排白色黏稠稀粪，泄殖腔周围羽毛粘连；严重者垂头、伏地，严重脱水，极度虚弱，对外界刺激反应迟钝或消失，常在发病后1～2 d死亡[5]，死亡率一般不超过30%[1]。非典型感染主要见于老疫区或具有一定免疫力的鸡群，一般感染率高，发病率低，症状表现不典型。主要表现为少数鸡精神不振，食欲减退，轻度腹泻，死亡率较低。

4 剖检变化

法氏囊为 IBDV 侵害的主要靶器官，感染后可见法氏囊肿大，内部出血及有黏液或干酪样物质，法氏囊周围有大量黄色胶冻状渗出物（图 1），严重时法氏囊出血呈紫葡萄状（图 2），病程长的法氏囊出现萎缩；肾脏肿胀、有尿酸盐沉积，呈花斑状（图 3A）；腺胃与肌胃交界处条状出血或溃疡（图 3B）；胸肌、腿肌有不同程度的点状、条状或块状出血（图 4）。

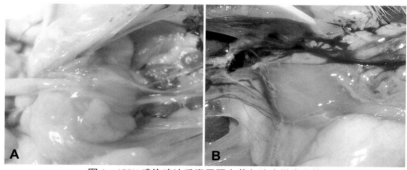

图 1　IBDV 感染鸡法氏囊周围有黄色胶冻样渗出物

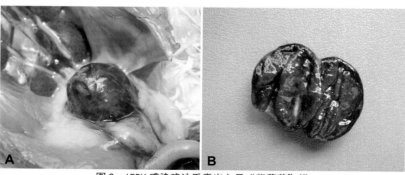

图 2　IBDV 感染鸡法氏囊出血呈"紫葡萄"样

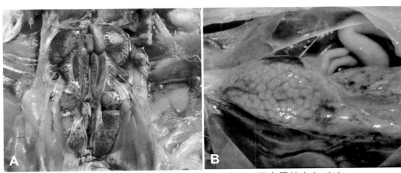

图 3　IBDV 感染鸡肾脏肿胀（A）和腺胃肌胃交界处出血（B）

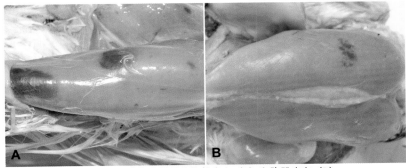

图 4　IBDV 感染鸡腿肌斑块状出血（A）和胸肌出血（B）

5　诊断方法

根据临床症状和剖检变化可以做出初步诊断，确诊需要依靠实验室方法。

5.1　血清学检测方法

5.1.1　酶联免疫吸附试验（ELISA）

间接 ELISA 是当前最常用的鸡群 IBDV 抗体检测方法，适用于大批量样品的抗体检测分析，但一般不能区分血清 I 型和血清 II 型的抗体。目前有多个厂家的商品化试剂盒可供选择[6]。

5.1.2 琼脂扩散沉淀试验（AGP）

琼脂扩散沉淀试验（AGP）是实验室诊断中常用的血清学方法，可用于抗原和抗体的检测，但其敏感性稍差。

5.2 病原学检测方法

5.2.1 IBDV 的分离和鉴定

无菌采集病死鸡的法氏囊，将其制成悬液后接种于 9 ～ 11 日龄 SPF 鸡胚的绒毛尿囊膜（CAM），37℃培养 5 ～ 7 d 后观察结果，感染鸡胚通常在 3 ～ 5 d 内死亡，根据鸡胚的死亡情况和 CAM 的变化可初步判断是否分离到 IBDV，然后可以采用 PCR 方法或 AGP 方法对疑似分离物进行验证。

5.2.2 反转录 - 聚合酶链式反应（RT-PCR）

利用 RT-PCR 或套式 PCR 方法可以对 IBDV 特异性核酸进行检测从而证实病毒的存在，若与酶切、核酸电泳、核酸探针等技术相结合，还可以用于某些毒株的区分或分型[7]。

6 预防与控制

预防本病应采取综合管理措施，加强饲养管理，严格加强环境消毒，特别是育雏室消毒，注意切断各种传播途径。不同日龄的鸡尽可能分开饲养，发现病鸡应及时隔离，死鸡要焚烧或深埋。

免疫接种仍是预防本病最重要的措施，该病疫苗种类较多，包括弱毒疫苗、油佐剂灭活苗和基因工程疫苗（如载体疫苗和抗原抗体复合物疫苗）[8]。由于雏鸡从疫苗接种到产生抗体需要一定的时间，因此必须严格控制免疫接种雏鸡的早期感染。对于发病鸡群注射 IBD 高免卵黄抗体具有一定的治疗效果[9]。

参考文献

[1] Saif Y M. 禽病学 . 12 版 . 苏敬良，高福，索勋主译 . 北京：中国农业出版社 , 2012.

[2] Mahgoub H A, Bailey M, Kaiser P. An overview of infectious bursal disease. Arch Virol, 2012, 157: 2047-2057.

[3] 赵静，冯金玲，靳继惠，等 . 2016 年鸡重要疫病流行动态分析 . 中国家禽，2016, 38(12): 69-72.

[4] Xu M Y, Lin S Y, Zhao Y, *et al*. Characteristics of very virulent infectious bursal disease viruses isolated from Chinese broiler chickens (2012—2013). Acta Trop, 2015, 141: 128-134.

[5] 吴清民 . 兽医传染病学 . 北京：中国农大出版社 , 2006.

[6] Ashraf S, Abdel-Alim G, Saif Y M. Detection of antibodies against serotypes 1 and 2 infectious bursal disease virus by commercial ELISA kits. Avian Dis, 2006, 50: 104-109.

[7] Wu C C, Rubinelli P, Lin T L. Molecular detection and differentiation of infectious bursal disease virus. Avian Dis, 2007, 51: 515-526.

[8] Müller H, Mundt E, Eterradossi N, *et al*. Current status of vaccines against infectious bursal disease. Avian Pathol, 2012, 41: 133-139.

[9] Xu Y, Li X, Jin L, *et al*. Application of chicken egg yolk immunoglobulins in the control of terrestrial and aquatic animal diseases: a review. Biotechnol Adv, 2011, 29: 860-868.

禽呼肠孤病毒感染

avian reovirus infection

1　病原学

禽呼肠孤病毒感染是由禽呼肠孤病毒（avian reovirus, ARV）引起禽的一类传染病的总称。ARV 属于呼肠孤病毒科（*Reovirdae*）、正呼肠孤病毒属（*Orthoreovirus*）[1]。该病原至少有 11 个血清型，一些毒株之间有一定的交叉中和作用[2]。ARV 感染在家禽中十分普遍，能够直接引起鸡的病毒性关节炎、生长迟缓、慢性呼吸道疾病和吸收障碍综合征，会与其他病原发生混合感染，给家禽养殖业造成巨大经济损失。

2　流行病学

ARV 感染呈全球性分布，能感染多种宿主，包括鸡、鸭以及其他多种家禽和野禽[3]。ARV 感染后危害最大的病症是病毒性关节炎，且感染具有年龄抵抗力，大日龄鸡对 ARV 的感染和由此引起的病变损伤表现为较强的耐受性。潜伏期的长短取决于病毒的致病型、宿主年龄和感染途径。病毒的传播方式包括水平传播和垂直传播[4]。ARV 可长期存在于感染鸡的盲肠扁桃体和跗趾关节内，因此带毒鸡是潜在的接触感染源。本病的发生无季节性和周期性。饲养管理不良、卫生条件差、消毒不严格，特别在鸡群中存在其他病原体如传染性法氏囊病毒、支原体以及球虫感染时可增加 ARV 感染和发病。

3　临床症状

因毒株和宿主的不同，ARV 感染在临床表现上存在差异，最典型的是引起病毒性关节炎、腱鞘炎；此外，ARV 可能与肠道和呼吸道疾病，心肌炎以及矮化 - 吸收不良综合征等多种疾病相关[5]。依据病毒致病型，分为 3 个型。

Ⅰ型（吸收障碍型）：病鸡常出现精神不振，体质较弱，色素沉着不良、羽毛异常、生长不均、骨质疏松、腹泻、粪便中有未消化的饲料，死亡率增加等。

Ⅱ型（关节炎／腱鞘炎）：病毒性关节炎可分为急性和慢性两种。急性感染表现为发病突然，病鸡出现跛行，站立姿势改变，关节囊及腱鞘肿胀（图1），跗关节上方腱囊双侧性肿大、发热、难以屈曲，早期稍柔软，后期变僵硬，严重者腓肠肌腱断裂，趾部弯曲（图2）；慢性感染跛行更加明显，少数病鸡跗关节不能运动。病鸡食欲减退，不愿走动，驱赶时或勉强移动，但步态不稳，继而出现跛行或单脚跳跃，严重时瘫痪。部分鸡只因采食困难而逐渐衰竭死亡，引发产蛋率、孵化率和受精率下降，增加死淘，严重影响鸡群生产性能。ARV 感染后可引起免疫抑制，进而导致宿主对其他病原体的易感性增加[6]。

Ⅲ型：临床表现既包括吸收障碍的症状，也包括关节炎的临床症状。

图1　发病鸡关节囊及腱鞘肿胀

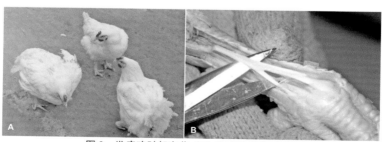

图2　发病鸡趾部弯曲（A）和肌腱病变（B）

4 剖检变化

患病鸡跗关节肿胀，切开皮肤可见关节上方腓肠肌腱水肿，引起骨中部到腱周围明显水肿。骨干增生，跗骨胫骨与股骨关节损伤，滑膜内常有充血或点状出血，关节腔内含有淡黄色或血样渗出物，少数病例的渗出物为脓性，其他关节腔呈淡红色，关节液增加。根据病程的长短，有时可见周围组织与骨膜脱离。雏鸡或成鸡易发生腓肠肌腱断裂。有时可见脾脏出现白色坏死灶（图3）。

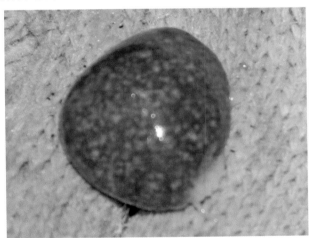

图3　感染鸡脾脏出现白色坏死灶

5 诊断方法

根据临床症状和大体病变可做出初步诊断，但要注意与滑液囊支原体、葡萄球菌或其他细菌引起的病变相互区别。另外也要与马立克氏病和非传染性的佝偻病等造成的跛行相鉴别。同时 ARV 也常与以上病原共同造成禽群的混合感染，最终的确诊还需要通过病毒分离并结合血清学和分子生物学方法。

5.1 血清学检测方法

5.1.1 酶联免疫吸附试验（ELISA）

间接 ELISA 是比较常用的 ARV 抗体检测方法。目前已有商品化的检测试剂盒，可用于群体中 ARV 抗体水平的分析。ARV 在商品鸡群中广泛存在，因此用血清学方法较难确诊，但血清学分析可作为鸡群疫苗免疫情况的评价指标。

5.1.2 琼脂扩散试验（AGP）

用于检测 ARV 的特异性抗体。ARV 至少有 11 个血清型，所有血清型都可以用 AGP 检测。病毒在感染 2～3 周后，血清中即可出现沉淀抗体。

5.2 病原学检测方法

5.2.1 ARV 的分离和鉴定

可取病鸡的腱鞘、关节滑液、肠内容物及脾脏等组织，处理后通过卵黄囊途径接种于 5～7 日龄 SPF 鸡胚，接种后 3～5 d，鸡胚陆续出现死亡；也可通过绒毛尿囊膜途径接种 9～11 日龄 SPF 鸡胚，绒毛尿囊膜增厚并有白色或淡黄色的"痘斑"样病变。初次接种鸡胚时可能不会出现病毒感染的特征性病变，盲传 2～3 代后若仍无病变则可判为阴性。

5.2.2 反转录－聚合酶链式反应（RT-PCR）

利用 RT-PCR 方法可以对 ARV 特异性核酸进行检测从而证实病毒的存在。Liu 等建立了一种 RT-PCR 结合限制性片段长度多态性分析（RFLP）的方法，该方法较为简单快速且有助于鉴定鸡群中是否存在变异株，或检测特定毒株在鸡群中的水平传播情况[7]。

6 预防与控制

本病主要是以水平和垂直两种方式传播，因此防制上存在一定的难度。目前也尚无有效的特异性治疗方法，因此加强综合防制和饲养管理十分重要。一般性的综合防制措施主要包括：减少各种应激因素的刺激；提供优质的全价饲料；加强禽舍消毒及卫生管理；合理使用抗生素控制细菌的继发感染[8]。

免疫接种：预防效果成败的关键因素取决于免疫程序的合理性以及疫苗的品质。在当前临床生产中用于预防 ARV 感染的疫苗主要分为弱毒疫苗和灭活疫苗两种。由于在临床生产上各个流行毒株之间存在着一定的差异，而不同血清型的毒株之间并不能提供较好的交叉保护作用，因此应选用与当地流行毒株匹配的疫苗进行免疫。

参考文献

[1] Wen C, Zhong Q, Zhang J D, et al. Sequence and phylogenetic analysis of chicken reoviruses in China. J Integr Agr, 2016, 15: 1846-1855.

[2] 郑世军, 宋清明. 现代动物传染病学. 北京：中国农业出版社, 2013.

[3] Tran A T, Xu W, Racine T, et al. Assignment of avian reovirus temperature-sensitive mutant recombination groups E, F, and G to genome segments. Virology, 2008, 338: 227-235.

[4] Saif Y M. 禽病学. 12 版. 苏敬良, 高福, 索勋主译. 北京：中国农业出版社, 2012.

[5] Zhong L, Gao L, Liu Y, et al. Genetic and pathogenic characterisation of 11 avian reovirus isolates from northern China suggests continued evolution of virulence. Sci Rep, 2016, 6: 35271.

[6] Lin H Y, Chuang S T, Chen Y T. Avian reovirus-induced apoptosis related to tissue injury. Avian Pathol, 2007, 36: 155-159.

[7] Liu H J, Lee L H, Shih W L, et al. Rapid characterization of avian reoviruses using phylogenetic analysis, reverse transcription-polymerase chain reaction and restriction enzyme fragment length polymorphism. Avian Pathol, 2004, 33: 171-180.

[8] 靳继惠, 文楚, 邵梦瑜, 等. 中国鸡群禽呼肠孤病毒抗体的检测与分析. 中国兽医杂志, 2014, 50(8): 3-5.

禽痘

fowl pox, FP

1　病原学

禽痘（fowl pox, FP）是鸡的一种常见病毒病，其病原为禽痘病毒（fowl pox virus, FPV）。FPV 属于痘病毒科、禽痘病毒属。FP 是对商品鸡有重要经济影响的疾病，可引起鸡的产蛋下降和死亡。

2　流行病学

FPV 可感染不同性别、不同日龄和不同品种的鸟类。据报道已有 200 多种不同的鸟类可发生感染[1]。禽痘在家禽中分布广泛，但其发病率不同。含病毒的羽毛及干燥痂皮所形成的气溶胶是病毒散播的主要方式，一般须通过受损伤的皮肤和黏膜进行传播。昆虫也可作为病毒的机械性传播媒介，鸡皮刺螨也可传播 FPV。拥挤、通风不良、潮湿、体表有寄生虫、维生素缺乏以及饲养管理不良可促发本病并加重病情。葡萄球菌病、传染性鼻炎和慢性呼吸道病等并发感染，可造成禽群的大批死亡。

3　临床症状

该病可表现为皮肤型、白喉型，或者混合型。症状的严重程度取决于宿主易感性、病毒毒力、病变部位以及其他并发因素。

3.1　皮肤型

皮肤型的特点是鸡的喙角、肉髯、冠、眼皮、眼球、腿、脚、泄殖腔和翅内侧等处的结节性病变。有时结节数目很多，互相连接融合，产生大块的厚痂，致使眼缝完全闭合（图 1）。除病情严重的雏鸡外，一般无明显的全身症状，常表现为增重不良，蛋鸡还可出现一过性产蛋下降。

图1　存在于面部的厚痂

3.2　白喉型

也称黏膜型，患鸡呈鼻炎症状，鼻腔流出浆液性或黏液性分泌物，如果蔓延至眶下窦和眼结膜，则眼睑肿胀，结膜充满脓性或纤维蛋白性渗出物，甚至引起角膜炎而失明。口腔、咽喉等处黏膜可见溃疡或白喉样黄白色病变（图2）。由于该病可在鸡咽喉部及上部气管处的黏膜表面形成灰白色的假膜，又称禽白喉。

3.3　混合型

混合型即皮肤和黏膜同时受到侵害，而表现出上述两型共同临床表现的疾病类型。

4　剖检变化

皮肤型鸡痘的特征性病变是局灶性上皮组织增生（包括表皮和羽毛囊），初期可见局部有灰色麸皮样的覆盖物，迅速长出灰色结节，随后变黄，增大如豌豆，表面凹凸不平，呈干而硬的结节，内含有脂状糊块。

白喉型病变出现在口腔、鼻、咽、喉、眼或气管黏膜上。发病初期只见黏膜表面出现稍微隆起的白色不透明结节或出现黄色斑点，后期融合成片，并形成可以剥离的干酪样假膜（图2）。有时全部气管黏膜增厚，病变蔓延到支气管时，可引起附近的肺部出现肺炎病变。

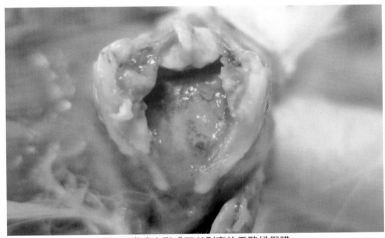

图 2　喉头内形成可以剥离的干酪样假膜

5　诊断方法

根据临床症状和剖检变化可以做出初步诊断，确诊需要依靠实验室方法。

5.1　血清学检测方法

5.1.1　琼脂扩散试验（AGP）

琼脂扩散试验特异、简便和实用，既可用于鸡痘病毒抗原的检测，亦可用于鸡痘血清沉淀抗体的检测，可以用于区分鸡痘和其他禽类病毒性疾病引起的抗体反应[2]。

5.1.2　中和试验（VNT）

可在培养细胞或鸡胚上进行病毒中和试验，但该方法不便用于常规诊断。

5.1.3　被动血凝试验

被动血凝试验能够对血清抗体进行检测，而且检测到FPV感染血清中和抗体的时间早于免疫扩散试验[3]。该方法非常敏感，但由于它需要可溶性痘病毒致敏的绵羊或马红细胞，其应用受到了限制。另外，由于存在交叉反应抗原，不能用于病毒的鉴别[3, 4]。

5.2　病原学检测方法

5.2.1　禽痘病毒DNA的限制性内切酶分析

由于核酸序列中只要有一个碱基不同就可能引起限制性酶切图谱的改变，因此限制性内切酶分析法具有极高的特异性和灵敏性，可以通过检查病毒DNA限制性内切酶产生片段的相对迁移率来比较禽痘病毒基因组[5]。

5.2.2　聚合酶链式反应（PCR）

应用特异性引物进行多聚酶链式反应扩增出大小不同的FPV基因组DNA片段。在混合感染情况下，可在一次PCR反应中用病原特异性引物扩增大小不同的片段。PCR还可用于FPV疫苗株和野毒株的区分。

5.2.3　病毒分离与鉴定

取病变组织（痘痂或伪膜）处理后经绒毛尿囊膜（CAM）途径接种10～11日龄SPF鸡胚，通过CAM的特征性病变（图3）结合PCR检测对鸡痘病毒进行分离鉴定。

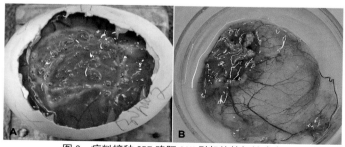

图3　病料接种SPF鸡胚CAM引起的特征性病变

5.3　组织学观察方法

该方法可用于鸡痘的快速诊断，一般 3 h 内即可获得结果。病灶抹片经瑞氏染色或吉姆萨染色后，可进行禽痘病毒的原生小体观察。皮肤型或黏膜型病灶的组织切片可以通过常规方法进行染色，用来观察胞浆包涵体[1]。

6　预防与控制

由于 FPV 的遗传学特性和内在稳定性，在禽舍环境下病毒可在痂块中长期存在，成为易感后备幼禽的传染源。不同日龄鸡只混养会增加该病的发生频率。封闭饲养环境以及禽舍不洁增加了疾病的传播机会。应采取包括加强饲养管理、提供均衡营养、实施严格的环境控制和进行合理的免疫在内的综合防控措施。

6.1　加强饲养管理

在蚊子等吸血昆虫活跃的夏、秋季应加强鸡舍内的昆虫驱杀工作；不同日龄和品种的家禽应分群饲养，栏舍的布局应合理，通风良好，饲养密度不宜过大，饲料配比合理，避免各种原因引起的啄癖或机械性外伤；新引进的家禽要经过隔离饲养观察，证实无禽痘的存在方可合群。

6.2　免疫接种

防制本病最有效的方法是接种禽痘疫苗。在种禽场和经常有本病发生的养禽场，应对易感幼禽进行接种。

6.2.1　翼膜刺种法

用消毒的注射针头蘸取疫苗，刺种在翅膀内侧皮下无血管处。

6.2.2　毛囊法

在雏鸡腿部外侧拔去几根羽毛，用消毒的毛笔或小毛刷蘸取 10 倍稀释的疫苗涂在毛囊内，拔羽毛时不要引起创伤、出血等。接种后 3 ～ 5 d 即可发现痘疹，7 d 后达到高峰，以后逐渐形成痂皮，3 周内完全恢复。接种后必须检查"发痘"情况（图 4）。发痘好，说明免疫有效；若发痘差，则应重复接种。在一般情况下，疫苗接种后 2～3 周产生免疫力，免疫期可持续 4～5 个月。

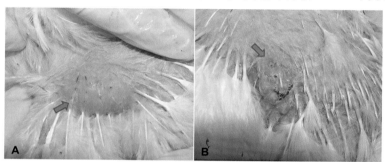

图 4　鸡痘疫苗接种引起的"发痘"现象（A. 接种后 5 d；B. 接种后 7 d）

6.3　隔离消毒

一旦发生本病，应淘汰发病严重的鸡只，并进行无害化处理（深埋或焚烧）。病禽舍、运动场和用具要进行严格的彻底消毒。由于残存于禽体内的禽痘病毒对外界环境因素的抵抗力很强，不易杀灭，所以禽群发病时，经隔离的病禽应在完全康复 2 个月后才能合群。

6.4　对症治疗

对于禽痘的治疗，目前尚未有特效的药物，对有治疗价值的可采用对症疗法，以减轻病禽的症状和防止继发细菌性感染。

参考文献

[1] Bolte A L, Meurer J, Kaleta E F. Avian host spectrum of avipox viruses. Avian Pathol, 1999, 28: 415-432.

[2] Tadese T, Potter E A, Reed W M. Development of a mixed antigen agar gel enzyme assay (AGEA) for the detection of antibodies to poxvirus in chicken and turkey

sera. J Vet Med Sci, 2003, 65: 255-258.

[3] Tripathy D N, Hanson L E, Myers W L. Passive hemagglutination test with fowlpox virus. Avian Dis, 1970, 14: 29-38.

[4] Saif Y M. 禽病学 . 12 版 . 苏敬良 , 高福 , 索勋主译 . 北京 : 中国农业出版社 , 2012.

[5] Tadese T, Reed W M. Use of restriction fragment length polymorphism, immunoblotting and polymerase chain reaction in the differentiation of avian pox viruses. J Vet Diagn Invest, 2003, 15: 141-150.

禽腺病毒感染
fowl adenovirus infection

1 病原学

属于腺病毒科禽腺病毒属的Ⅰ群禽腺病毒（fowl adenovirus, FAdV）感染普遍，可能和很多病症有关，但认识相对清楚的是包涵体肝炎（inclusion body hepatitis, IBH）和心包积液综合征（hydropericardium syndrome, HPS）。Ⅰ群 FAdV 有 5 个基因型（A～E），依据交叉中和试验结果可进一步分为 12 个血清型（1～8a，8b～11）[1]，已知 IBH 可由多个血清型毒株引起，而 HPS 主要由血清 4 型毒株引起[2]，其也是已知 12 个血清型毒株中致病性最强的。

2 流行病学

FAdV 呈世界性分布，一般在健康或患病的鸡体内均可分离得到。大多数 FAdV 属于机会性致病病原，鸡群发病通常与环境不良、营养匮乏、微生物感染等应激因素有关。各年龄段家禽均易感，但 IBH 多见于 3～7 周龄肉鸡，肉种鸡和蛋鸡也可发生，引起病鸡肝脏损伤。HPS 的典型病程表现为感染后 5～7 d 出现死亡，7～8 d 有死亡高峰，随后死亡率下降。感染一年四季均可发生，一些免疫抑制性疾病（如 IBD 或 CIA）和不良环境因素会对本病的发生产生协同作用[3]。FAdV 可以垂直传播，特别是种鸡产蛋期感染后 1～2 周内垂直传播风险最高。

3 临床症状

鸡群感染后一般会出现生长受阻，羽毛蓬乱，拉黄色水样稀便，冠、髯苍白，精神沉郁、嗜睡等表现。感染后临床症状的严重程度和死亡率取决于毒株毒力和鸡群抵抗力。IBH 一般死亡率为 10%～30%。HPS 死亡率较高，在 20%～80%，但发病率一般较低。

4 剖检变化

病鸡的典型剖检变化为肝脏肿大，边缘钝厚，表面有大小不等出血点、条或斑，肝脏色泽苍白、质脆（图1，图4，图5）；心包囊中有大量淡黄色的清亮液体（图2～5）。肾脏肿胀变色伴有肾小管扩张（图4，图5）[4]。

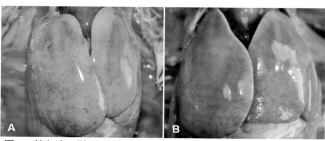

图1　某血清2型FAdV感染16日龄商品肉鸡引起的肝脏肿胀、出血

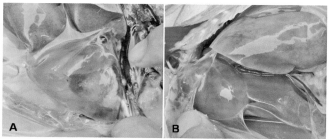

图2　某血清4型FAdV感染70日龄肉种鸡引起的心包积液

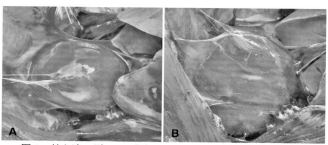

图3　某血清4型FAdV感染20日龄商品肉鸡引起的心包积液

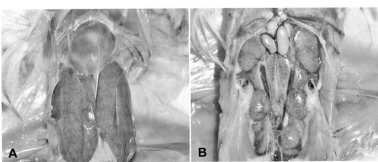

图 4　某血清 2 型 FAdV 感染 SPF 鸡引起肝脏肿大出血、心包积液和肾脏肿胀

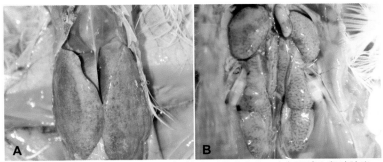

图 5　某血清 4 型 FAdV 感染 SPF 鸡引起肝脏肿大出血、心包积液和肾脏肿胀

5　诊断方法

根据临床症状和剖检变化可以做出初步诊断，确诊需要依靠实验室方法。

5.1　血清学检测方法

5.1.1　琼脂扩散试验（AGP）

采集发病鸡的肝脏组织制成悬液与 FAdV 阳性血清进行反应，如在琼脂平板上出现明显的抗原抗体凝集线，可以对禽腺病毒感染做出初步诊断。

5.1.2　酶联免疫吸附试验（ELISA）

间接 ELISA 是目前最常用的 FAdV 抗体检测方法，可用于大批量样品的抗体检测。已有商品化的 FAdV 抗体检测试剂盒出售，但商品化 ELISA 试剂盒检测的是群特异性抗体，不能区分血清型。

5.2 病原学检测方法

5.2.1 FAdV 的分离

肝脏是 FAdV 采样的首选部位，一般最好采集死亡鸡只的新鲜肝脏病料。病毒分离可利用鸡胚或鸡肝癌细胞系（LMH）进行。鸡胚接种可将处理好的病料通过绒毛尿囊膜（CAM）途径接种 9 ～ 10 日龄 SPF 鸡胚，5 d 后收获接种鸡胚 CAM，可观察到膜增厚、出现"痘斑"等病变（图 6），可进一步通过 PCR 方法对疑似分离物进行鉴定。

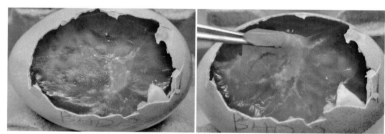

图 6　FAdV 感染鸡胚 CAM 出现增厚、"痘斑"等病变

5.2.2 聚合酶链式反应（PCR）

利用 PCR 方法可以对 FAdV 特异性核酸进行检测从而证实病毒的存在，根据 FAdV 关键结构基因 Hexon 设计特异性引物，能对 FAdV 的 A ～ E 基因型进行鉴定，并且可以定位到基因型内某些特定的血清型上。

6　预防与控制

应采取包括加强饲养管理、提供均衡营养、实施严格的环境控制和尽量减少鸡群应激在内的综合防控措施。目前国内尚无可用的商品化禽腺病毒疫苗，疫苗还处于探索和研发阶段，研发使用的疫苗毒株主要以 FAdV-4 型为主。加拿大、美国、巴基斯坦、韩国等已将血清4型毒株制成灭活疫苗应用于鸡群，并获得了较好的免疫保护效果[5, 6]。

参考文献

[1] Hess M. Detection and differentiation of avian adenoviruses: a review. Avian Pathol. 2000, 29: 195-206.

[2] Kim J N, Byun S H, Kim M J, *et al*. Outbreaks of hydropericardium syndrome molecular characterization of Korean fowl adenoviral isolates. Avian Dis. 2008, 52: 526-530.

[3] Asthana M, Chandra R, Kumar R. Hydropericardium syndrome: current state and future developments. Arch Virol. 2013, 158: 921-931.

[4] Zhao J, Zhong Q, Zhao Y, *et al*. Pathogenicity and complete genome characterization of fowl adenoviruses isolated from chickens associated with inclusion body hepatitis and hydropericardium syndrome in China. PLoS One. 2015, 10: e133073.

[5] Kim M S, Lim T H, Lee D H, *et al*. An inactivated oil-emulsion fowl adenovirus serotype 4 vaccine provides broad cross-protection against various serotypes of fowl adenovirus. Vaccine. 2014, 32: 3564-3568.

[6] Toro H, González C, Cerda L, *et al*. Prevention of inclusion body hepatitis/hydropericardium syndrome in progeny chickens by vaccination of breeders with fowl adenovirus and chicken anemia virus. Avian Dis. 2002, 46: 547-554.

鸡传染性贫血
chicken infectious anemia, CIA

1 病原学

鸡传染性贫血（chicken infectious anemia, CIA）是由鸡传染性贫血病毒（chicken infectious anemia virus, CIAV）引起的一种以侵害雏鸡为主的免疫抑制性和蛋传性传染病，其主要特征是再生障碍性贫血和全身淋巴组织萎缩。CIAV 是圆环病毒科、环病毒属的唯一成员[1]。本病可使鸡群对其他病原的易感性增高，以及对某些疫苗的免疫应答能力下降，从而导致继发感染和疫苗的免疫失败。

2 流行病学

CIAV 广泛分布于世界上所有的家禽生产地区[2]。通过多年多省（市）多类型鸡群的检测结果表明，CIAV 在我国各种类型鸡群中的感染十分普遍[3]。本病可以水平传播和垂直传播。鸡是 CIAV 已知的唯一宿主，不同品种和日龄的鸡均可感染，但随着日龄增长，鸡对本病毒的易感性逐渐下降。自然发病多见于 2～4 周龄鸡，以 1～4 周龄最易感[3]。

3 临床症状

本病对雏鸡危害严重，成年鸡感染后通常不表现明显的临床症状。贫血是本病的特征性症状。病鸡表现精神沉郁、消瘦、体重减轻，喙、肉髯和可视黏膜苍白，全身或头颈部皮下出血、翅膀皮炎或蓝翅。本病通常在感染后 14～16 d 达到高峰，死亡率在 10%～30% 不等，存活鸡多发育受阻成为僵鸡[3]。若继发细菌、真菌或病毒感染，可加重病情，阻碍康复，死亡增多。

病鸡的血液学变化较为明显，感染后血液稀薄，凝血时间延长，血细胞比容介于 6%～27%[2]。

4 剖检变化

单纯的鸡传染性贫血最特征性的剖检病变是骨髓萎缩。大腿骨的骨髓呈脂肪色、淡黄色或粉红色。胸腺萎缩、充血，严重时可完全退化，随病鸡日龄增加，胸腺萎缩比骨髓的病变更容易观察到。法氏囊萎缩不明显，常呈一过性，而大多数病鸡法氏囊外观呈半透明状态。

5 诊断方法

根据流行病学特点、临床症状和剖检变化可做出初步诊断，血常规检查有助诊断，但最终的确诊需要进行血清学和病原学检测。

5.1 血清学检测方法

5.1.1 酶联免疫吸附试验（ELISA）

ELISA 是检测 CIAV 抗体的最常用的血清学方法，可以同时检测大量样品。该方法常用于检测鸡群的免疫效力。

5.1.2 其他血清学方法

可用中和试验、间接荧光抗体等方法检测鸡血清和卵黄中的抗体，但目前不常应用。

5.2 病原学检测方法

5.2.1 CIAV 的分离与鉴定

病毒分离培养是 CIAV 鉴定最常用的方法。一般肝脏含有高滴度的病毒，是分离 CIAV 的最好材料。处理后可接种于雏鸡、鸡胚或细胞培养物。

（1）接种雏鸡：1 日龄 SPF 雏鸡是初次分离 CIAV 最特异、最可靠的实验动物。将肝脏病料 1 ：10 稀释后通过肌肉或腹腔接种 1 日龄 SPF 雏鸡，接种剂量为 0.1 mL，然后观察临床症状和病理变化[3]。

（2）接种鸡胚：将肝脏病料以卵黄囊途径接种鸡胚，无鸡胚病变，孵出雏鸡出现贫血和死亡。

（3）接种细胞培养物：马立克肿瘤细胞（MDCC-MSB1）可作为体外分离鉴定 CIAV 的主要细胞。采集病鸡的肝脏、脾脏、胸腺、骨髓作为病料。一般须经 5～6 次盲传后，才能观察到感染细胞肿胀、边缘破裂，最后大量死亡等细胞病变[3]。

5.2.2　聚合酶链式反应（PCR）

可用来检测感染的细胞培养物、鸡组织、福尔马林固定的石蜡包埋组织和疫苗中 CIAV 的 DNA。该方法比细胞培养分离病毒特异性高，灵敏性强，且便于序列分析和酶切分析。巢式 PCR 灵敏度更高，但也更容易产生交叉污染[4]。

6　预防与控制

6.1　管理措施

重视日常的饲养管理和兽医卫生措施，防止环境因素及其他传染病导致的免疫抑制。防止从外地引入带毒鸡，以免将本病传入健康鸡群。在 SPF 鸡场及时进行检疫，剔除和淘汰阳性鸡。

6.2　免疫接种

种鸡开产前进行抗体监测，阳性较高的鸡群（95% 以上）可不进行免疫。阴性群或抗体阳性率较低的鸡群应进行疫苗免疫接种，以防止子代雏鸡由于缺乏母源抗体的保护而发生早期感染。一般使用 CIAV 弱毒冻干苗对鸡群进行免疫接种。做好鸡群的马立克氏病和传染性法氏囊病的预防接种可降低鸡群对 CIAV 的易感性[5]。

参考文献

[1] Daniel T. Circoviruses: Immunosuppressive threats to avian species: a review. Avian Pathol, 2000, 29: 373-394.

[2] Saif Y M. 禽病学. 12 版. 苏敬良，高福，索勋主译. 北京：中国农业出版社，2012.

[3] 张国中，赵继勋. 鸡传染性贫血病的流行病学与诊断. 兽医导刊，2009, 4: 19-20.

[4] Soiné C, Watson S K, Rybicki E, et al. Determination of the detection limit of the polymerase chain reaction for chicken infectious anemia virus. Avian Dis, 1993, 37: 467-476.

[5] Imai K, Mase M, Tsukamoto K, et al. Persistent infection with chicken anaemia virus and some effects of highly virulent infectious bursal disease virus infection on its persistency. Res Vet Sci, 1999, 67: 233-238.

鸡肿头综合征

swollen head syndrome, SHS

1 病原学

肿头综合征（swollen head syndrome, SHS）是由禽偏肺病毒（avian metapneumovirus, aMPV）引起鸡和火鸡的一种急性、高度传染性疾病。其病原属于副黏病毒科、肺病毒亚科、偏肺病毒属[1]。根据核苷酸及其推导的氨基酸序列，aMPV可分为A、B、C、D 4种亚型[2, 3]，其中A、B亚型属于同一个血清型。该病主要引起感染鸡的呼吸道症状、头部肿胀和产蛋率下降。

2 流行病学

该病在世界各国均有发生，且呈不断流行和发展的趋势。鸡和火鸡是其自然宿主，任何年龄的鸡和火鸡均可感染。该病具有很强的传染性，传播速度快，引起的死亡率因养殖条件、个体营养水平及继发感染状态差异很大。该病可通过间接接触各种感染媒介发生水平传播，但不排除垂直传播的可能性[1]。通风不良、温度不适、垫料质劣、饲养密度大、卫生状况差、不同日龄混养以及继发感染均可促进本病的发生或病情加重。

3 临床症状

本病主要临床症状包括眶下窦及眶周肿大、斜颈，脑定向失调及角弓反张，常伴有大肠杆菌或其他呼吸道病原体继发感染，此外还有呼吸道症状。感染率高，但死亡率一般很低，对产蛋率和蛋壳质量有一定影响[4, 5]。常因眼睑肿胀无法采食，或继发某些条件性致病菌导致败血症而增加鸡群死亡率。

4 剖检变化

病死鸡以眶下窦、鼻腔急性卡他性炎症状为主。鼻黏膜充血、肿胀，可见细小的淤血斑点，严重病例鼻黏膜呈紫红色，表面附有黏性分泌物，眶下窦、鼻腔有水样至黏稠样液体，少部分鸡肉髯水肿。肠道充血，扁桃体充血肿大。气囊浑浊、增厚，颌部和颈部皮下灰白色干酪样坏死，肾肿大。

5　诊断方法

根据临床症状和剖检变化可以做出初步诊断，确诊需要进行实验室检测。

5.1　血清学检测方法

5.1.1　酶联免疫吸附试验（ELISA）

由于 aMPV 的分离和鉴定比较困难，ELISA 为最常用的检测方法。目前已有多种检测 aMPV 抗体的商品化 ELISA 试剂盒，可用于大批量血清样品的筛查，但敏感性和特异性有所不同。该方法检测 aMPV 具有亚型特异性，对其他亚型 aMPV 检测灵敏度不高，并且受毒株影响较大，因此不能笼统的将 ELISA 数据作为判定 aMPV 感染与否的唯一依据[6]。

5.1.2　间接免疫荧光抗体试验（IFA）

间接免疫荧光抗体试验可用来检测 aMPV 抗体，但在家禽血清样品大规模检测中应用不多。

5.1.3　中和试验（VNT）

可采用敏感的细胞或气管环培养进行病毒中和试验，其结果与 ELISA 和间接免疫荧光试验有很好的相关性，但 A 和 B 亚型的病毒存在交叉反应。病毒中和试验耗时且成本较高，不适于鸡群大规模血清学筛查。

5.2　病原学检测方法

5.2.1　病毒分离和鉴定

病料多采集感染鸡的眼分泌物、鼻分泌物或者鼻窦、鼻甲组织刮屑。由于感染后病毒在鼻窦和鼻甲中最多存活 6 ～ 7 d，所以应尽早对样品进行采集并立刻送检。可将处理好的病料接种于气管环、鸡胚或细胞进行病毒分离。

5.2.2 反转录 - 聚合酶链式反应（RT-PCR）

RT-PCR 已经被广泛地应用于 aMPV 检测中，根据病毒的 N 基因保守区设计通用性引物进行 aMPV 的检测，可以进一步设计针对不同亚型 aMPV 的特异性引物对其进行亚型鉴定。

6 预防与控制

疫苗接种和严格的生物安全手段是控制该病的主要措施。目前有商品化的 aMPV 弱毒疫苗和灭活疫苗可供选择。aMPV 灭活苗常用于产蛋鸡和种鸡群，一般作为弱毒活疫苗免疫后的加强免疫，可产生持久有效的抗体，对鸡群产生更为充分的保护。A 亚型和 B 亚型疫苗免疫后可产生良好的交叉免疫保护效果[7]。此外，应当对发病鸡群给予抗生素类药物，控制细菌的继发性感染，进而降低疾病的严重性。

参考文献

[1] Saif Y M. 禽病学 . 12 版 . 苏敬良 , 高福 , 索勋主译 . 北京 : 中国农业出版社 , 2012.

[2] Seal B S. Matrix protein gene nucleotide and predicted amino acid sequence demonstrate that the first US avian pneumovirus isolate is distinct from European strains. Virus Res, 1998, 58: 45-52.

[3] Toquin D, Bayon-Auboyer M H, Senne D A, *et al*. Lack of antigenic relationship between French and recent North American non-A/non-B turkey rhinotracheitis viruses. Avian Dis, 2000, 44: 977-982.

[4] Jones R C. Avian pneumovirus infection: questions still unanswered. Avian Pathol, 1996, 25: 639-648.

[5] Cook J K. Avian pneumovirus infection of turkeys and chickens. Vet J, 2000, 160: 118-125.

[6] 王艳，庄金秋，梅建国，等．禽偏肺病毒实验室检测方法研究进展．中国家禽，2015, 37 (2): 45-49.

[7] Cook J K, Huggins M B, Wood M A, *et al*. Protection provided by a commercially available vaccine against different strains of turkey rhinotracheitis virus. Vet Rec, 1995, 136: 392-393.

禽脑脊髓炎
avian encephalomyelitis, AE

1 病原学

禽脑脊髓炎（avian encephalomyelitis, AE）是由禽脑脊髓炎病毒（avian encephalomyelitis virus, AEV）引起的一种主要侵害雏鸡的病毒性传染病。其病原属于小 RNA 病毒科、肠道病毒属。AE 主要侵害 4 周龄以下雏鸡，患雏以非化脓性脑炎为主要病理特征，临床主要表现为共济失调和快速震颤。AEV 仅有一个血清型，但不同毒株的组织嗜性存在差异，大多数为嗜肠性，一部分为嗜神经性[1]。

2 流行病学

本病呈世界流行，所有年龄的鸡均可感染，雏鸡多发，感染也可见于鸡、雉、火鸡、鹌鹑和火鸡等[2]。自然条件下 AEV 主要在肠道内增殖，既可通过种蛋垂直传播，也可通过接触进行水平传播。本病流行无明显季节性，易感鸡群一年四季均可发病，发病率及死亡率与鸡群易感性、毒株毒力和鸡群日龄有关。

3 临床症状

垂直传播的潜伏期为 1 ～ 7 d，水平传播潜伏期为 10 ～ 30 d。雏鸡病初表现为精神不振，反应迟钝。随后出现共济失调，轰赶时，步态异常，并不时以跗关节和胫关节着地行走，头颈扭曲震颤（图 1）。重症病例肢体麻痹、瘫痪不起，消化机能减弱，最终衰竭致死[3]。

产蛋鸡群感染后，采食、饮水、死淘率等一般无明显异常，仅表现为一过性产蛋下降，产蛋曲线呈 "V" 字形，下降幅度 5% ～ 15%。产蛋下降期间，除畸形蛋稍多以外，蛋壳颜色、大小均无异常，约 2 周后恢复[2]。

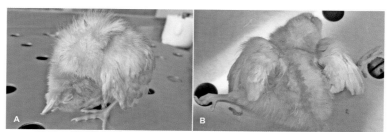

图 1　病鸡共济失调，步态异常，头颈扭曲

4　剖检变化

无特征性剖检病变，少数病鸡的腺胃肌层出现细小的灰白区，个别雏鸡可见脑部轻度或中度充血，偶见透明状脑水肿。耐过鸡生长发育迟缓，一侧或两侧眼球晶状体浑浊褪色，内有絮状物，眼球增大失明，瞳孔光反应弱[4]。

5　诊断方法

根据临床症状和剖检变化可做出初步诊断，确诊需要依靠实验室方法。

5.1　血清学检测方法

5.1.1　酶联免疫吸附试验（ELISA）

可定量检测血清中的 AEV 抗体水平，可同时检测大批量的血清样品，适用于鸡场进行 AEV 抗体的快速检测和抗体水平评估。

5.1.2　病毒中和试验（VNT）

可用标准的中和试验方法来确定被检鸡血清的中和指数。一般来说，敏感鸡在感染 2 周后即可检出抗体，随后抗体继续上升，高水平抗体至少可维持数月。

5.1.3　琼脂扩散试验（AGP）

琼脂扩散试验在 AE 的检测上不失为一种快速、特异而实用的方法[5]。灭活油佐剂疫苗免疫后 20 d 可用琼脂扩散试验检测出抗体。

5.2　病原学检测方法

5.2.1　AEV 的分离鉴定

无菌采集雏鸡脑组织样品，匀浆后通过脑内接种 1 日龄易感雏鸡，1～4 周内观察雏鸡有无特征性临床症状。或通过卵黄囊途径接种 5～6 日龄 SPF 鸡胚，接种后 12 d 检查鸡胚是否有 AEV 所致的典型病变。

5.2.2　荧光抗体检测

可取病鸡的脑、腺胃、肌胃、胰腺等处组织制成冰冻切片，然后用禽脑脊髓炎病毒的荧光抗体染色观察[6]。

6　预防与控制

6.1　生物安全控制

采取综合防控措施，加强鸡舍环境卫生管理，制定严格的消毒和卫生防疫制度，严格检测引进的种苗和种蛋。一旦发生 AE，必须及时隔离、淘汰病雏，对周围环境及器械进行消毒，禽舍空置 2～4 周后再重新使用。

6.2　预防接种

一般可使用活疫苗或灭活苗对鸡群进行免疫接种来预防禽脑脊髓炎病毒感染。为防止垂直传播，蛋鸡或种鸡通常于 70～90 日龄进行刺种或饮水免疫。同时为保障雏鸡获得较高的母源抗体，种鸡群开产前可用油乳剂灭活苗进行免疫[2]。

参考文献

[1] Tannock G A, Shafren D R. Avian encephalomyelitis: a review. Avian Pathol, 1994, 23: 603-620.

[2] Yu X H, Zhao J, Qin X H, et al. Serological evidence of avian encephalomyelitis virus infection associated with vertical transmission in chicks.

Biologicals, 2015, 43: 512-514.

[3] Cheville N F. The influence of thymic and bursal lymphoid systems in the pathogenesis of avian encephalomyelitis. Am J Pathol, 1970, 58: 105-125.

[4] Welchman D de B, Cox W J, Gough R E, *et al*. Avian encephalomyelitis virus in reared pheasants: a case study. Avian Pathol, 2009, 38: 251-256.

[5] 秦爱建, 崔治中, 周阳生, 等. 禽脑脊髓炎病毒琼扩抗原的制备及其在评价鸡群抗体水平中的应用. 中国兽医科技, 1994, 24(7): 5-7.

[6] 叶满红, 崔治中, 秦爱建. 禽脑脊髓炎病毒单克隆抗体制备. 中国兽医学报, 1999, 19(3): 306-307.

鸡马立克氏病
Marek's disease, MD

1 病原学

鸡马立克氏病（Marek's disease, MD）是由疱疹病毒科、α 疱疹病毒亚科的马立克氏病病毒（Marek's disease virus, MDV）引起鸡的一种常见的淋巴组织增生性疾病。通常以外周神经和包括虹膜、皮肤在内的多种器官和组织的淋巴样细胞浸润、增生和肿瘤性病变为特征[1]。MDV 分离株分为Ⅰ、Ⅱ、Ⅲ 3 种血清型[2]，从鸡群分离的血清Ⅰ型 MDV 致病株按照毒力被分为 4 类：温和型、强毒型、超强毒型及特超强毒型；血清Ⅱ型，在自然条件下存在于鸡体内，但不致瘤；血清Ⅲ型为火鸡疱疹病毒（HVT）[3, 4]。

2 流行病学

MDV 在自然条件下主要感染鸡，但是火鸡、野鸡和鹌鹑等也易感，鸽、鸭、鹅、金丝雀、小天鹅和天鹅等也有感染 MDV 的报道[5]。MD 是一种高度接触传染性疾病，可通过直接或间接接触传播，也可通过空气传播，目前尚无垂直传播的报道。本病病程一般为数周至数月，MD 的发生和严重程度取决于毒株毒力、感染剂量、感染途径、宿主年龄、遗传结构、性别、母源抗体水平、环境管理和混合感染等因素。

3 临床症状

MD 急性暴发时病情严重，发病初期大量鸡只精神委顿，几天后部分鸡出现共济失调，随后发生单侧或双侧性肢体麻痹。神经型马立克氏病鸡常见腿和翅膀完全或不完全麻痹，表现为劈叉姿势、翅膀下垂，嗉囊因麻痹而扩大。眼型马立克氏病鸡视力减退或消失，虹膜失去正常色素，呈同心环状或斑点状，瞳孔边缘不整，严重阶段瞳孔只剩下一个针尖大小的孔。皮肤型马立克氏病鸡全身皮肤毛囊肿大，大小不等，融合在一起，形成白色结节，以大腿外侧、翅膀、腹部尤为明显。内脏型马立克氏病鸡常表现极度沉郁，厌食、消瘦和昏迷，最后衰竭而死，有时不表现任何症状而突然死亡。

4 剖检变化

神经型：剖检可见受损的神经失去光泽，颜色变暗或淡黄，横纹消失，局部肿胀增粗，大于正常的 2～3 倍。呈对称分布的神经通常只有一侧神经受损。组织学检查可见受损神经组织内有大量单核细胞浸润和（或）炎性细胞浸润。

眼型：病鸡可见眼球上的虹膜形成灰白色肿瘤，瞳孔边缘不齐，呈锯齿状，瞳孔缩小。

皮肤型：可见皮肤毛囊部有黄豆大小的肿瘤结节。

内脏型：剖检可见病鸡脾脏、肝脏、肾脏肿大数倍，表面和切面呈大理石样斑驳状（弥漫型）。有些病例肝脏、脾脏、肾脏、肺脏、心脏形成大小不等的灰白色肿瘤结节（图1）。肠壁、肌肉也可能有灰白色肿瘤病灶。病变部位病理切片可见淋巴细胞增生或呈结节状淋巴瘤，其细胞成分主要以淋巴母细胞、大、中、小淋巴细胞及巨噬细胞的增生浸润为主，同时可见小淋巴细胞和浆细胞的浸润和雪旺氏细胞增生。法氏囊通常萎缩，受侵害的法氏囊表现为滤泡间有大小不一的淋巴样细胞浸润。

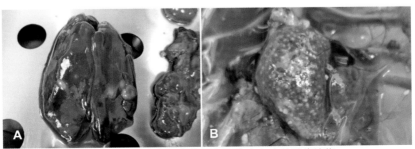

图1　存在于病鸡肝脏（A）和脾脏（B）上的肿瘤结节

5 诊断方法

根据流行病学、临床症状和剖检变化可做出初步诊断，确诊需要结合病原分离鉴定或血清学进行诊断。

5.1 血清学检测方法

5.1.1 琼脂扩散试验（AGP）

可以利用 MD 标准阳性血清检测羽髓或羽囊浸出物中是否存在病原，也可以利用 MD 阳性抗原检测鸡群是否存在抗体。

5.1.2 免疫组化

可作为 MDV 感染标准的鉴别诊断依据。用特异性抗体进行免疫组化染色可检测 MD 转化细胞上表达的 MDV 抗原，排除禽白血病病毒或网状内皮组织增殖病病毒感染。

5.2 病原学检测方法

5.2.1 MDV 的分离和鉴定

鸡的血液或白细胞层是 MDV 分离的常用样品，病毒分离可在鸡胚、鸭胚成纤维细胞（DEF）或鸡肾细胞（CK）上进行。也可将处理好的样品接种 4 日龄的鸡胚卵黄囊，经 14 d 可在绒毛尿囊膜上形成病毒痘斑。若用 DEF 或 CK 细胞分离，培养 5 ～ 7 d 后可出现细胞病变（CPE）。

5.2.2 聚合酶链式反应（PCR）

利用 PCR 方法或者实时荧光定量 PCR 方法可以对 MDV 特异性核酸进行检测从而证实病毒的存在。根据血清 I 型特有的 132 bp 重复序列和 Meq 基因的序列，分别设计特异性引物，扩增对应的基因片段，以鉴别致弱毒株和野毒株以及肿瘤中的病毒 DNA[6, 7]。该类方法特异性高、耗时短、成本低，但如果要确定某一特定的致病型，需要进行鸡的 MDV 免疫攻毒试验等生物学分析。

5.3 病理组织学观察

采集病鸡肿瘤组织固定后制备组织切片，进行常规 HE 染色并观察存在的肿瘤细胞类型是检测 MDV 的常用方法，也是鉴别禽白血病、禽网状内皮组织增殖症等肿瘤性疾病的主要手段。

6 预防与控制

对于 MD 应采取综合性的防控措施，科学合理的使用疫苗是预防 MD 主要而有效的手段。一般采用弱毒疫苗或基因工程疫苗（如载体疫苗）以皮下或肌肉注射的方式接种刚孵出的雏鸡。此外，还需要实施严格的环境控制，建立完善的生物安全措施、培育抗 MD 鸡品种，加强饲养管理等。

参考文献

[1] Saif Y M. 禽病学 . 12 版 . 苏敬良 , 高福 , 索勋主译 . 北京：中国农业出版社 , 2012.

[2] Bulow V V, Biggs P M. Precipitating antigens associated with Marek's disease viruses and a herpesvirus of turkeys. Avian Pathol, 1975, 4: 147-162.

[3] Nair V. Latency and tumorigenesis in Marek's disease. Avian Dis, 2013, 57: 360-365.

[4] Witter R L, Calnek B W, Buscaglia C, et al. Classification of Marek's disease viruses according to pathotype: philosophy and methodology. Avian pathol, 2005, 34: 75-90.

[5] Jarosinski K W, Tischer B K, Trapp S, et al. Marek's disease virus: lytic replication, oncogenesis and control. Expert Rev Vaccines, 2006, 5: 761-772.

[6] Kang J W, Cho S H, Mo I P, et al. Prevalence and molecular characterization

of meq in feather follicular epithelial cells of Korean broiler chickens. Virus Genes, 2007, 35: 339-345.

[7] Baigent S J, Nair V K, Le Galludec H. Real-time PCR for differential quantification of CVI988 vaccine virus and virulent strains of Marek's disease virus. J Virol Methods, 2016, 233: 23-36.

禽网状内皮组织增殖病

reticuloendotheliosis, RE

1 病原学

禽网状内皮组织增殖病（reticuloendotheliosis，RE）是由网状内皮组织增殖病病毒（reticuloendotheliosis virus，REV）引起的鸡、鸭、火鸡等禽类的一群病理综合征。综合征包括免疫抑制、急性网状细胞肿瘤、矮小综合征和淋巴组织慢性肿瘤等，肿瘤以网状组织增生为特征[1]。REV 是有囊膜的单股正链RNA 反转录病毒，属于反转录病毒科、禽类动物 C 型反转录病毒属[2]。REV 复制缺陷型毒株与非复制缺陷型毒株相比具有急性致瘤作用。目前已分离到的 REV 属于同一个血清型[3]。

2 流行病学

REV 感染呈世界分布，自然宿主包括火鸡、鸡、鸭、鹅、雉、日本鹌鹑和孔雀等，其中以鸡和火鸡最为易感。RE 在商品鸡群中呈散发，在火鸡和野生水禽可呈中等程度流行。用污染 REV 的商业禽用疫苗免疫鸡群后通常可导致鸡群的慢性肿瘤病或大批鸡出现矮小综合征。低日龄鸡特别是新孵出的雏鸡感染 REV 后，部分鸡出现持续性病毒血症及不同程度的免疫抑制。日龄大的鸡感染 REV 后不出现或仅出现一过性病毒血症。REV 可水平传播和垂直传播[4, 5]。

3 临床症状

RE 综合征包括急性网状细胞增生症、矮小综合征、鸭传染性贫血以及淋巴组织和其他组织的慢性增生症。急性网状细胞增生症是由 REV 复制缺陷型毒株引起，人工感染后潜伏期最短 3 d，常在接种后 1～3 周出现死亡[6]，新生雏鸡或火鸡接种后由于发病急，很少见临床症状，死亡率可高达 100%[7]。矮小综合征又称生长抑制综合征，是由非复制缺陷型 REV 引起几种非肿瘤疾病的总称，患病禽瘦小，羽毛发育异常。非复制缺陷型 REV 感染时也会引起慢性淋巴瘤，包括鸡法氏囊源性淋巴瘤、非法氏囊源性淋巴瘤和火鸡淋巴瘤。

4 剖检变化

鸡感染 REV 剖检常见胸腺、法氏囊发育不全或萎缩，也可见腺胃肿大，腺胃乳头溃疡等。不同组织器官均可见由 REV 引起的肿瘤，肝脏、脾脏肿大、并伴有局灶性灰白色肿瘤结节或是弥漫性肿大，胰脏、心脏、肌肉、小肠、肾脏及性腺肿瘤（图 1）。偶见火鸡和鸡的外周神经肿大。组织学变化主要为空泡样网状内皮细胞浸润和增生。网状内皮细胞围绕血管并伴随纤维增生。

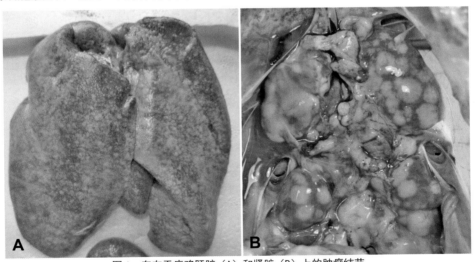

图 1 存在于病鸡肝脏（A）和肾脏（B）上的肿瘤结节

5 诊断方法

本病无特异性临床症状，如果病死鸡剖检和病理学变化典型，则可对本病做出初步诊断，确诊需进行实验室病毒分离鉴定和抗体检测。

5.1 血清学检测方法

5.1.1 酶联免疫吸附试验（ELISA）

间接 ELISA 是检测 REV 抗体最常用的方法，有多种商品化抗体检测试剂盒可供选择。通过对 REV 抗体检测可确认鸡群是否感染过 REV。

5.1.2 中和试验（VNT）

病毒中和试验是检测 REV 抗体的重要方法，也是检测 REV 抗体最敏感的方法，从感染禽的血清或卵黄可检测到特异性抗体，对养禽生产具有重要的指导意义，此方法相对复杂，一般需要在专业检测实验室进行检测。

5.2 病原学检测方法

5.2.1 REV 的分离和鉴定

最好采取脾脏或肿瘤组织制备成 10% 悬液，或者用白细胞、淋巴细胞分离病毒[8]。将样品接种于原代或次代单层鸡胚成纤维细胞（CEF），初代细胞培养物一般无眼观细胞病变，需经 2 次 7 d 盲传，利用抗 REV 的特异性血清或单克隆抗体，通过间接免疫荧光试验（IFA）、免疫过氧化物酶染色试验、补体结合试验的方法进行鉴定。

5.2.2 反转录–聚合酶链式反应（RT-PCR）

利用 RT-PCR 方法可以对 REV 特异性核酸进行检测，可直接使用组织或病毒分离细胞液提取病毒 RNA，利用 RT-PCR 法直接扩增出目的基因片段。

6 预防与控制

目前尚无有效疫苗和药物来对 RE 进行预防和治疗。当前采取的防控措施是加强种蛋（包括 SPF 种蛋）疫病监测，用 ELISA 方法检测种蛋，淘汰潜在患病母鸡，消除垂直传播。加强种禽群（包括 SPF 禽群）监管措施，注意环境卫生，防止水平传播。加强禽用活疫苗（特别是马立克氏病和禽痘疫苗）质量监测与管理，严防疫苗污染引起 REV 感染。

参考文献

[1] Saif Y M. 禽病学 . 12 版 . 苏敬良，高福，索勋主译 . 北京：中国农业出版社 , 2012.

[2] 殷震，刘景华 . 动物病毒学 . 2 版 . 北京：科学出版社 , 1997.

[3] Kim T, Mays J, Fadly A, *et al*. Artificially inserting a reticuloendotheliosis virus long terminal repeat into a bacterial artificial chromosome clone of Marek's disease virus (MDV) alters expression of nearby MDV genes. Virus Genes, 2011, 42: 369-376.

[4] Chert P Y, Cui Z, Lee L F, *et al*. Serologic differences among nondefective reticuloendomeliosis virus. Arc Virol, 1987, 93: 233-245.

[5] Bagust T J, Grimes T M, Ratnamohan N. Experimental infection of chickens with an Australian strain of reticuloendotheliosis virus. 3. Persistent infection and transmission by the adult hen. Avian Pathol, 1981, 10: 375-385.

[6] Sevoian M, Larose R N, Chamberlain D M. Avian lymphomatosis. VI. A virus of unusual potency and pathogenicity. Avian Dis, 1964, 3: 336-347.

[7] Theilen G H, Zeigel R F, Twiehaus MJ. Biological studies with RE virus (Strain T) that induces reticuloendotheliosis in turkeys, chickens, and Japanese quail. J Natl Cancer Inst, 1966, 37: 731-743.

[8] Zheng Y S, Cui Z Z, Zhao P, *et al*. Effects of reticuloendotheliosis virus and Marek's disease virus infection and co-infection on IFN-gamma production in SPF chickens. J Vet Med Sci, 2007, 69: 213-216.

禽白血病

avian leukosis, AL

1 病原学

禽白血病（avian leukosis, AL）是指由禽白血病病毒（avian leukosis virus, ALV）和禽肉瘤病病毒群中的病毒所引起的能够导致禽多种传染性肿瘤疾病的总称[1]。其病原属于反转录病毒科、禽 C 型反转录病毒属，可分为外源性的 A-D、J 亚群和内源性的 E 亚群[2]。

2 流行病学

AL 呈世界流行，鸡是该群所有病毒的自然宿主，任何年龄的鸡均可感染[3]。ALV 可发生垂直传播和水平传播，内源性 ALV 可以整合进宿主细胞染色体基因组，因而可通过染色体垂直传播，但多为无致瘤性或致瘤性较弱；外源性 ALV 不会通过染色体传递，但致病性强，是净化的主要对象[4]。我国普遍存在 ALV 的感染，常见为 ALV-A、ALV-B 和 ALV-J[5]。本病感染率高，但发病率和死亡率一般较低。

3 临床症状

ALV 可引起多种表现形式的慢性传染性肿瘤病，最常见的为淋巴细胞性白血病和骨髓细胞瘤病。一般病鸡无特异性的临床症状，表现为精神沉郁、虚弱、腹泻、脱水和消瘦等。

ALV-A、ALV-B 亚群病毒引起的淋巴细胞性白血病是最为常见的经典型白血病，潜伏期长，自然感染病例可见于 4 月龄或更大日龄的鸡。其临床症状不明显，有些鸡只腹部肿大，鸡冠苍白、皱缩或偶见发绀。通常一旦显现临床症状，病程发展很快，数周内死亡，甚至不出现明显症状就已死亡。

ALV-J 亚型病毒主要引起骨髓细胞瘤病，病鸡表现为食欲降低、生长缓慢、产蛋性能下降。头骨、胸骨和跗骨肿大增生；眼内出血或失明；鸡冠、鸡翅、鸡爪呈现"血管聚积状"，破裂后导致流血不止；肾脏肿瘤可压迫坐骨神经，导致瘫痪。

4　病理变化

淋巴细胞性白血病的病鸡肝脏肿大、质脆、大理石样并占据整个腹腔而出现"大肝病"；脾脏肿大质脆、呈灰棕色；法氏囊肿胀。以上脏器均可出现表面光滑的肿瘤病灶，多呈结节状、粟粒状或弥散样。镜检可见肿瘤主要由聚集的大淋巴细胞组成，细胞膜不清晰，细胞浆高度嗜碱性，细胞核空泡状，染色质聚集成块，核内有一个或多个较明显的嗜酸性的核仁。

骨髓细胞瘤病形成的肿瘤常发生于骨骼表面，与骨膜相连且靠近软骨处，包括肋骨和肋软骨的连接处，胸骨内面以及下颌骨和鼻腔的软骨上以及头骨的扁骨等。ALV-J 亚群多引起骨髓细胞瘤，可导致肝脏、脾脏以及骨骼中呈现大量弥漫性分布的白色细小的肿瘤结节。镜检可见肿瘤中骨髓细胞集结成堆，核大、有空泡、常位于细胞一侧，核仁明显，胞浆中集有紧密的球状嗜酸性颗粒。

5　诊断方法

禽传染性白血病的诊断主要依据临床症状和病理变化，确诊需要依靠实验室方法。

5.1　病原学检测方法

5.1.1　ALV 的分离与鉴定

ALV 分离常用的样品为全血、血浆、血清、泄殖腔和阴道拭子、蛋清、肿瘤组织、羽髓等，处理后接种于 DF-1（鸡胚成纤维）细胞，培养 7 d，盲传 3 代，收集细胞上清和沉淀用于 ELISA 群特异性抗体检测和前病毒基因组检测。

5.1.2　聚合酶链式反应（PCR）

利用 PCR 或者 RT-PCR（反转录 - 聚合酶链式反应）可以对 ALV 前病毒基因组 DNA 或者病毒 RNA 进行检测，扩增 Env 基因序列证实病毒的存在，结合基因测序等其他手段获得病毒序列，从而确定病毒的亚型分类[6]。

5.2 血清学检测方法

5.2.1 酶联免疫吸附试验（ELISA）

可通过 ELISA 方法检测泄殖腔拭子、蛋清中的 p27 抗原，血浆、血清和蛋黄则适用于 ALV 抗体的测定，但一般不用于本病的确诊。当前 ELISA 检测是大规模临床样本检测和白血病净化的主要方法。

5.2.2 间接免疫荧光试验（IFA）

将处理好的病料样品接种于 DF-1 细胞，利用各亚群特异性的单克隆抗体，通过 IFA 确定病毒的亚型分类。该法特异性强，耗时短，可做快速诊断，但仅限于实验室检测，难以在基层推广。

5.2.3 病毒中和试验（VNT）

病毒中和试验是检测 ALV 抗体的重要方法，可用于鉴定 ALV 分离毒株的亚型，对养禽生产具有重要的指导意义，被认为是检出 ALV-J 抗体最特异的方法。但方法相对复杂，耗时费料，临床诊断中很少应用，一般需要在专业的检测实验室进行。

5.2.4 琼脂扩散试验（AGP）

可采用 AGP 从鸡的羽髓中检测禽白血病毒抗原，该方法检出率高、操作简单、费用低廉和易于推广，但需逐只拔羽取髓，易使鸡产生应激反应，且有一定的假阳性，因而对大型集约化鸡场来讲，采用该方法难于实现全群净化。

5.2.5 病理切片及免疫组化

制作病鸡病变脏器的病理组织切片，进行常规 HE 染色，初步鉴定肿瘤细胞类型，再应用针对不同亚群 ALV 的单抗做免疫组织化学检测，可确证 ALV 的亚群类型。

6　预防与控制

预防本病应采取包括加强饲养管理、提供均衡营养和实施严格的环境控制在内的综合防控措施。目前，对于白血病还没有发现切实有效的预防和治疗措施，净化是唯一的方法，通过多种方法对 ALV 进行检测，一旦发现阳性即淘汰[7]。经过持续不断的检疫，并将假定健康的非带毒鸡严格隔离饲养，最终达到净化种群的目的。为了防止水平传播，饲养设备如孵化器、育雏舍等应在使用前彻底消毒，不同年龄鸡不得混群。对于污染严重的原种场，应及时更换品系。

参考文献

[1] Saif Y M. 禽病学 . 12 版 . 苏敬良，高福，索勋主译 . 北京：中国农业出版社 , 2012.

[2] Payne L N, Brown S R, Bumstead N, *et al*. A novel subgroup of exogenous avian leukosis virus in chickens. J Gen Virol, 1991, 72: 801-807.

[3] Payne L N, Holmes A E, Howes K, *et al*. Further studies on the eradication and epizootiology of lymphoid leukosis virus infection in a commercial strain of chickens. Avian Pathol, 1982, 11: 145-162.

[4] 崔治中 . 鸡白血病及其鉴别诊断和预防控制 . 中国家禽 , 2010, 32(8): 1-12.

[5] Gao Y, Yun B, Qin L, *et al*. Molecular epidemiology of avian leukosis virus subgroup J in layer flocks in China. J Clin Microbiol, 2012, 50: 953-960.

[6] Meng F, Dong X, Hu T, *et al*. Analysis of quasispecies of avain leukosis virus subgroup J using Sanger and high-throughput sequencing. Virol J, 2016, 13: 112.

[7] 崔治中 . 我国 J 亚群禽白血病的防控及其启示 . 中国家禽 , 2015, 37(6): 1-3.

传染性鼻炎
infectious coryza, IC

1 病原学

鸡传染性鼻炎（IC）是由副鸡禽杆菌（avibacterium paragallinarum）引起的鸡的一种急性、呼吸系统传染病[1]。副鸡禽杆菌属于巴氏杆菌科，原名副鸡嗜血杆菌，分为A、B、C 3个血清型[2]。A、C两型副鸡禽杆菌均具有不同程度的致病力，B型存在株间的抗原多样性，致病力因菌株而异。各型菌株具有独特的免疫原性，相互间不产生交叉免疫保护，还有一些分离物无法定型。

2 流行病学

鸡是副鸡禽杆菌的自然宿主，任何年龄的鸡均可感染。发病鸡、慢性带菌鸡和康复带菌鸡是本病的主要传染源。经呼吸道感染是其最重要的传播途径，也可通过被污染的饲料和饮水经消化道感染，无垂直传播。

3 临床症状

主要表现为鼻炎和鼻窦炎。轻病例仅见鼻腔流出稀薄的鼻液，重病例鼻液为黏液性或脓性，变干后成为淡黄色鼻痂，呼吸不畅。病鸡频频甩头，打喷嚏，一侧或两侧眶下窦肿胀，眼睑水肿，结膜炎（图1）。如无并发感染，病程通常在2～4周内[3]。幼龄鸡除鼻炎症状外，还表现鸡冠苍白，精神沉郁，羽毛松乱，缩颈垂翅。病鸡食欲和饮欲下降，消瘦，一般3～5 d内死亡。耐过者生长发育受阻，一般淘汰率在30%以上。产蛋鸡群发病时，开产延迟，产蛋量一般下降10%～40%[4]，蛋品质变化不大，但种蛋受精和孵化率下降，孵出的弱雏增多。

4 剖检变化

鼻腔、喉头和鼻窦黏膜呈急性卡他性炎症，充血肿胀，表面覆有大量的黏液

（图 2）、窦内有渗出物凝块，后成为干酪样坏死物。发生结膜炎时，结膜充血肿胀，内有干酪样物，严重可引起失明。气囊和支气管可见渗出物，严重者因干酪样物阻塞呼吸道而造成肺炎和气囊炎。其他器官如心脏、肝脏、肾脏、胃肠等一般无明显病变。

图 1　IC 自然感染或人工感染导致鸡的面部水肿

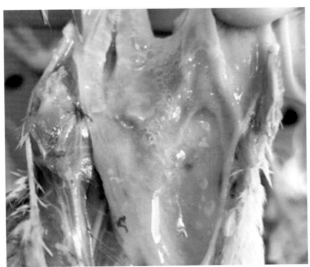
图 2　IC 人工感染出现的喉头大量黏液

5 诊断方法

5.1 病原学检测方法

取 2～3 只处于急性发病阶段（1～7 d 的潜伏期）的病鸡进行样品采集。烧烙位于眼下的皮肤，并用无菌剪刀剪开窦腔，取无菌棉拭子伸入窦腔深部采样，后将拭子直接在血琼脂平板上划横线，再用葡萄球菌与之交叉划线。置厌氧环境中 37℃培养 24～48 h 后，在葡萄球菌菌落边缘呈卫星生长的菌落就有可能是副鸡禽杆菌（图 3），结合全面的生化鉴定或 PCR 检测可做出确诊[5]。

图 3 副鸡禽杆菌在血液琼脂平板上的卫星生长现象

5.2 血清学检测方法

包括琼脂扩散试验（AGP）、血凝抑制试验（HI）试验等。

6 预防与控制

定期进行疫苗免疫接种是目前我国预防鸡传染性鼻炎的主要手段[6]，应用的疫苗均为灭活苗，目前国内 A、C 型二价灭活苗使用较多。通常在 10～20 周龄接种疫苗，在预计本病自然暴发前 3 ～ 4 周接种疫苗可产生最佳的免疫效果。皮下注射和肌肉注射两种途径都有效[3]。

参考文献

[1] Blackall P J, Christensen H, Beckenham T, Blackall L L, Bisgaard M. Reclassification of Pasteurella gallinarum, [Haemophilus] paragallinarum, Pasteurella avium and Pasteurella volantium as Avibacterium gallinarum gen. nov., comb. nov., Avibacterium paragallinarum comb. nov., Avibacterium avium comb. nov. and Avibacterium volantium comb. nov. Int J Syst Evol Microbiol, 2005, 55: 353-362.

[2] Han M S, Kim J N, Jeon E O, Lee H R, Koo B S, Min K C, *et al*. The current epidemiological status of infectious coryza and efficacy of PoulShot Coryza in specific pathogen-free chickens. J Vet Sci, 2016, 17: 323-330.

[3] Saif Y M. 禽病学 . 12 版 . 苏敬良，高福，索勋主译 . 北京：中国农业出版社 , 2012.

[4] Gong Y, Zhang P, Wang H, Zhu W, Sun H, He Y, *et al*. Safety and efficacy studies on trivalent inactivated vaccines against infectious coryza. Vet Immunol Immunopathol, 2014, 158: 3-7.

[5] Muhammad T M, Sreedevi B. Detection of Avibacterium paragallinarum by Polymerase chain reaction from outbreaks of Infectious coryza of poultry in Andhra Pradesh. Vet world, 2015, 8: 103-108.

[6] 赵静，冯金玲，靳继惠，等 . 2016 年鸡重要疫病流行动态分析 . 中国家禽，2016, 38(12): 69-72.

产蛋下降综合征

egg drop syndrome, EDS

1 病原学

产蛋下降综合征（egg drop syndrome, EDS）是由产蛋下降综合征病毒（egg drop syndrome virus, EDSV）引起的一种以产蛋鸡产蛋率下降为主要特征的病毒性传染病。EDSV 属于腺病毒科[1]，目前仅有 1 个血清型。

2 流行病学

EDS 呈世界范围流行，易感动物为鸡，但鸭、鹅、鹌鹑、野鸡、珍珠鸡等均可感染[2, 3]。不同日龄和品种的鸡均可感染 EDSV，雏鸡和 35 周龄以上的鸡较少发病。病毒的传播方式包括水平传播和垂直传播，病鸡和带毒种鸡为主要传染源，种鸡感染后可经蛋垂直传播给子代[4]。病毒感染无季节性，自然感染的潜伏期长短不一。

3 临床症状

鸡群感染后一般无明显临床症状。开产后主要出现突然性群体产蛋下降，产蛋率下降 20%～30% 甚至更高。蛋重减轻，体积明显变小，蛋壳的色泽变淡，产畸形蛋，蛋壳粗糙，蛋壳变薄易破损，软壳蛋增多，蛋破损率达 30%～40%。病程一般可持续 4～10 周，部分病鸡表现一些轻微的症状，如暂时性腹泻、减食、贫血、冠髯发绀、羽毛蓬松等。

4 剖检变化

剖检时可见输卵管各段黏膜发炎、水肿、萎缩，有时可见输卵管内有乳白色渗出物，卵巢静止不发育、萎缩、变小或出血，子宫明显增厚、水肿。自然发病病例，常常仅观察到卵巢停止发育和输卵管萎缩。人工感染后 9～14 d 通常会出现子宫皱褶水肿以及在蛋壳分泌腺处有渗出液，也会出现脾脏轻度肿胀，卵泡无弹性，在腹腔中有各种发育阶段的卵泡。

5 诊断方法

根据临床症状和剖检变化可以做出初步诊断，确诊需要依靠实验室方法。

5.1 血清学检测方法

5.1.1 血凝抑制试验（HI）

EDSV 具有凝集鸡、鸭、鹅等红细胞的特性，可被相应的 EDSV 抗血清所中和，HI 试验是最常用的 EDSV 抗体检测方法。试验结果的判定可按常规方法进行。HI 试验可用于调查鸡群的感染状态、监测鸡群的抗体水平和对感染进行初步鉴定。

5.1.2 病毒中和试验（VNT）

EDSV 可产生细胞病变，并能使感染细胞核内产生包涵体，上述作用可被相应的抗血清中和而消除。所以，可用病毒中和试验鉴定未知抗原或未知抗体。试验可在鸭肾或鸡肾的单层细胞培养物中进行。但该方法相对复杂，一般需要在专业的检测实验室进行。

5.2 病原学检测方法

5.2.1 EDSV 的分离和鉴定

EDSV 分离通常在鸭胚和鹅胚上进行。可采集病鸡的输卵管、肝脏和粪便样品，经无菌处理后，经尿囊腔途径接种 10 ～ 12 日龄鸭胚，弃 48 h 内死亡的鸭胚，收获 48 ～ 120 h 死亡和存活的鸭胚尿囊液。用 1% 鸡红细胞悬液测定其血凝性，若为阳性则进行分离物鉴定；若无血凝性，样品连续盲传 3 代仍不凝集红细胞者判为阴性。

5.2.2 聚合酶链式反应（PCR）

利用 PCR 方法可对 EDSV 的核酸进行检测，从而证实病毒的存在。一般采集感染的靶器官如输卵管、卵巢等进行检测，或使用鸭胚分离物检测。PCR 具有较高的特异性和敏感性[5]。

6 预防与控制

由于 EDS 主要经蛋传播，为杜绝 EDSV 的传入，应从非感染鸡群引种。病毒常存在于粪便、垫料和排泄物中，具有较强的抵抗力，有可能造成水平传播，应采取严格的生物安全措施、加强养殖场和孵化室消毒工作、加强鸡群饲养管理、提供均衡营养。疫苗免疫对该病有良好的保护效果，可用灭活疫苗接种鸡群，免疫后 1 周即可检测到 HI 抗体，免疫后 2～5 周达到高峰[6]，抗体效价可达 8log2 以上，种鸡免疫后可为子代提供母源抗体保护。

参考文献

[1] Dán A, Ruzsics Z, Russell W C, et al. Analysis of the hexon gene sequence of bovine adenovirus type 4 provides further support for a new adenovirus genus (Atadenovirus). J Gen Virol, 1998, 79: 1453-1460.

[2] Baxendale W. Egg drop syndrome 76. Vet Rec, 1978, 102: 285-286.

[3] 冯柳柳, 程冰花, 刁有祥, 等. 鸡源减蛋综合征病毒 SD01 株对种鸭致病性的研究. 中国预防兽医学报, 2015, 37(11): 821-824.

[4] McFerran J B, McCracken R M, McKillop E R, et al. Studies on a depressed egg production syndrome in Northern Ireland. Avian Pathol, 1978, 7: 35-47.

[5] Todd D, McNulty M S, Smyth J A. Differentiation of egg drop syndrome virus isolates by restriction endonuclease analysis of virus DNA. Avian Pathol, 1988, 17: 909-919.

[6] Saif Y M. 禽病学. 12 版. 苏敬良, 高福, 索勋主译. 北京：中国农业出版社, 2012.

鸡毒支原体病

Mycoplasma gallisepticum infection

1　病原学

鸡毒支原体感染（*Mycoplasma gallisepticum* infection）也被称为鸡慢性呼吸道病（chronic respiratory disease, CRD）或鸡败血性霉形体感染，在火鸡中被称为传染性窦炎。该病由鸡毒支原体（*Mycoplasma gallisepticum*, MG）引起，以呼吸道症状为主，是主要感染鸡和火鸡的一种慢性接触性传染病，在全球造成巨大的经济损失[1]。MG 属于支原体科、支原体属，没有细胞壁，也是能够自我复制的最小原核生物。在禽支原体感染中，MG 致病性最强，所引起的感染最为普遍，造成的损失也最大，从而引起人们的高度重视。

2　流行病学

本病广泛分布于世界所有养禽国家，易感宿主为鸡和火鸡，也可感染鸭、鸽、鹅、孔雀、鹧鸪和鹌鹑等其他禽类。本病可感染各种日龄的鸡，并在一定的诱因下发病。3～8 周龄的鸡最易感染，成年鸡多呈隐性感染。病鸡和隐性感染鸡是本病的传染源，病原通过垂直和水平两种方式传播。其中，水平传播是最主要的传播途径，可以通过咳嗽、喷嚏的飞沫、尘埃或被支原体污染的饲料、用具、人员等环节传播。而垂直传播则是造成 MG 感染率高，分布面积广，难以根除的重要原因。该病一年四季均可发生，以冬春寒冷季节多发，在饲养密度高、室温不稳定、通风不良、氨气过浓、应激等情况下易诱发本病。

3　临床症状

本病多为隐性感染，一般表现为轻微的呼吸道症状。但当饲养管理和环境条件不良时，尤其是与其他病原微生物混合感染时，会出现明显的呼吸道症状。

幼龄鸡发病时的症状比较典型，常出现流鼻涕、咳嗽、打喷嚏、摇头、流泪等症状。蔓延至呼吸道时，喘气和咳嗽更为显著，呼吸道有啰音。后期可因鼻腔和眶下窦中蓄积渗出物而引起眼睑肿胀。病鸡食欲不振，生长停滞。本病一般呈慢性经过，病程可长达 1 个月以上。幼鸡如无并发症，死亡率低，一般不超过 10%，但发育迟缓，若继发感染其他疾病如传染性鼻炎、大肠杆菌病、传染性支气管炎等，则死亡率可高达 60%。成年鸡常呈隐性感染，症状缓和，死亡率很低。产蛋鸡感染后，会导致轻微的产蛋量下降和孵化率降低[2]。

4 剖检变化

MG 单纯感染病例眼观可见鼻道、副鼻道、气管、支气管常有混浊黏稠的渗出液，气囊明显增厚混浊，严重者内有干酪样渗出物（图1），还可观察到一定程度的肺炎。如继发或并发感染大肠杆菌病时，可见气囊炎、纤维素性或脓性肝周炎以及心包炎"三炎病变"。MG 引起的商品蛋鸡角膜结膜炎可见面部皮下组织和眼睑明显水肿，偶尔可见角膜混浊，伴随产蛋下降可能出现输卵管肿胀，内有渗出物。

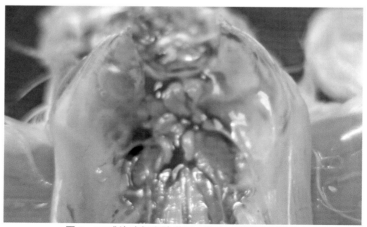

图1 MG 感染鸡气囊壁增厚、混浊，有黄色干酪物

5 诊断方法

根据流行病学、临床症状和剖检变化可以做出初步诊断，但进一步确诊需要依靠实验室进行血清学检查和病原分离鉴定。

5.1 血清学检测方法

5.1.1 快速平板凝集试验（SPA）

SPA 具有结果清楚、易观察、操作简单、快速敏感、重复性好等优点，是一种快速简便的诊断方法，是 MG 血清学检测中最为常用的方法，但该方法存在非特异性凝集反应，容易出现假阳性，稀释被检血清可以在一定程度上降低 SPA 的非特异性反应[3]。

5.1.2 血凝抑制试验（HI）

HI 试验通常用于进一步确证 SPA 或者 ELISA 检测结果，但 HI 试验耗时长，且无商品化试剂，灵敏性较差，操作烦琐。

5.1.3 酶联免疫吸附试验（ELISA）

与 SPA 和 HI 试验相比，ELISA 更加特异和敏感，也大大提高了检测效率，通常用于检测 MG 感染鸡卵黄和血清中的抗体水平，该方法也可用于 MG 抗原的检测。目前，商品化的 ELISA 诊断试剂盒已广泛应用于鸡群 MG 抗体水平的监测和血清学诊断。

5.2 病原学检测方法

5.2.1 MG 的分离和鉴定

病原体分离鉴定是 MG 诊断的标准方法。可将气管或气囊渗出物制成悬液接种于 MG 肉汤或琼脂培养基中培养，经过 3～5 d 的培养，若观察到细小光滑、圆形透明、边缘整齐、中心区呈乳头状突起的特殊"荷包蛋"样菌落，瑞特氏染色呈淡紫色[4]。也可采用 7 日龄鸡胚经卵黄囊接种来分离 MG，通常鸡胚在接种后 5～8 d 发生死亡，并出现特征性病变，如鸡胚全身水肿，皮肤、尿囊膜及卵黄膜出血或关节化脓肿胀等，则证明成功分离到了 MG 病原。

5.2.2 聚合酶链式反应（PCR）

据已知 MG 的特异性核苷酸序列设计引物，对提取的 DNA 进行检测，该方法特异性好，灵敏度高，可以检测到微量的 MG 存在[5]。还可借助多重 PCR 方法对 MG 强弱毒株及多种支原体和其他呼吸道病原进行鉴别诊断[6]。

6 预防与控制

一定要做好饲养管理，消除诱发因素。保证饲料营养均衡，以提高机体抵抗力。注意清洁卫生，舍内不堆积鸡粪，笼内不拥挤。保持良好的通风换气，并避免各种应激因素。疫苗接种是减少 MG 感染的有效方法之一，目前鸡毒支原体疫苗主要有弱毒疫苗如 F 株、6/85 株、TS-11 株，其中 F 株活疫苗的使用较为普遍，此外还可使用灭活疫苗进行防控。

可选用抗 MG 敏感药物对早期的病情加以控制。由于 MG 对许多抗生素易产生耐药性，且停药后容易复发，长期单一使用某种药物，往往效果不明显，临床用药应该做到剂量适宜、疗程充足、联合用药和交替用药等，且用药前最好通过药敏试验选择最有效的药物治疗，并应及时控制并发症或继发病。

参考文献

[1] Pflaum K, Tulman E R, Beaudet J, *et al*. global changes in *Mycoplasma gallisepticum* phase-variable lipoprotein gene vlhA expression during in vivo infection of the natural chicken host. Infect Immun, 2015, 84: 351-355.

[2] Raviv Z, Ley D H. *Mycoplasma gallisepticum* Infection. Diseases of Poultry 13th ed, 2013, 877-893.

[3] Ross T, Slavik M, Bayyari G, *et al*. Elimination of mycoplasmal plate

agglutination cross-reactions in sera from chickens inoculated with infectious bursal disease viruses. Avian Dis, 1990, 34: 663-667.

[4] 吴清民，杨秀玉，沈志强，等 . 鸡毒支原体的分离鉴定和最低抑菌浓度测定 . 中国预防兽医学报 , 2003, 25(4): 309-312.

[5] 周云雷，魏飞龙，李健，等 . 鸡毒支原体实时荧光定量 PCR 检测方法的建立 . 中国农业科学 , 2011, 44(11): 2371-2378.

[6] Sprygin A V, Andreychuk D B, Kolotilov A N, *et al*. Development of a duplex Real-Time TaqMan PCR assay with an internal control for the detection of *Mycoplasma gallisepticum* and *Mycoplasma synoviae* in clinical samples from commercial and backyard poultry. Avian Pathol, 2010, 39: 99-109.

鸡滑液囊支原体病

Mycoplasma synoviae infection

1 病原学

鸡滑液囊支原体感染（*Mycoplasma synoviae* infection）是由鸡滑液囊支原体（*Mycoplasma synoviae*, MS）引起鸡的一种以关节渗出性的滑液囊膜炎及腱鞘滑膜炎为特征的急性或慢性传染性疾病[1]。MS属于支原体科、支原体属，是一类无细胞壁的原核细胞型微生物。鸡只感染后可导致明显的跛行，生长发育迟缓及胴体降级等。

2 流行病学

该病在全球范围内广泛流行，在自然情况下仅感染鸡、火鸡和珍珠鸡，也可人工感染野鸡、鹅、鸭和虎皮鹦鹉等。各日龄的鸡均可感染，但急性感染通常见于 4 ～ 16 周龄的鸡和 10 ～ 24 周龄的火鸡，禽类对 MS 感染的抵抗力随年龄增长而加强，成年鸡常呈隐性感染状态。患病鸡和隐性感染鸡是主要的传染源，其分泌物和排泄物中含有大量病原。MS 可以通过饮水、垫料等水平传播，也可以发生垂直传播，通过感染鸡经蛋直接传播给子代。发病的季节并无特殊性，但气候多变和寒冷季节易发，当饲养管理条件差、生物安全工作不到位时也易引起该病流行传播。

3 临床症状

该病可引起传染性滑膜炎和呼吸道症状。其中，传染性滑膜炎是感染鸡的主要临床症状，病鸡关节和爪垫肿胀、跛行，步态呈"八字"或"踩高跷"状，或一条腿向前伸，蹲坐在地上。常常伴有胸骨囊肿，喜卧，饮食欲下降，生长缓慢，羽毛松乱，鸡冠发育不良、苍白等症状，个别鸡的鸡冠可呈蓝紫色，排水样稀便，其中含有许多偏绿色的尿酸盐，脱水消瘦，有的鸡群表现为轻度的呼吸啰音。鸡群临床滑膜炎的发病率通常为5%～15%，死亡率通常低于1%。经呼吸道感染的鸡在4～6 d时出现轻度呼吸啰音，主要表现为慢性的亚临床症状[2]。呼吸型的MS感染引起的气囊炎可发生于各个日龄的鸡，且多发生在寒冷的冬季，是肉鸡淘汰的一个最常见原因。

成年鸡感染后症状轻微，仅关节肿胀，体重减轻，死亡率很低。如果无继发感染，饲养管理条件较好时，对成年母鸡的产蛋量和蛋品质的影响不大。

4 剖检变化

传染性滑膜炎的发病早期可在病鸡关节、腱鞘处观察到滑液囊肿胀，胸部龙骨出现大水疱，剖开肿胀部位可见淡黄色的胶冻样黏液。随着病情的发展，逐渐变为黏稠混浊、乳酪色至灰白色渗出物，甚至呈干酪样。被感染关节表面常为黄色或橘红色，特征性渗出物的量以跗关节、翼关节或足垫较多，关节膜增厚，关节肿大突出，并伴有肝脏、脾脏和肾脏肿大（图1）。病程后期，关节表面，尤其是跗关节和肩关节的表面会不同程度地变薄甚至形成凹陷（图2）。鼻腔、气管常无肉眼病变。有时可见轻微的气囊炎。

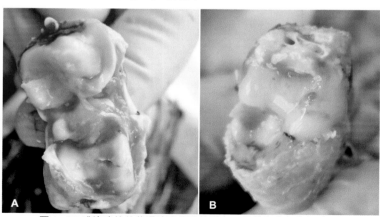

图1 MS感染鸡的关节滑液囊分泌物增多，呈黄色或灰白色黏稠状

图2　MS 感染鸡跗关节表面存在的凹陷

5　诊断方法

根据病史、临床症状和剖检变化可以做出初步诊断，由于本病的症状和病理变化非特征性，需要依靠实验室方法确诊。

5.1　血清学检测方法

5.1.1　快速平板凝集试验（SPA）

SPA 的抗原已经商品化，该方法操作简单、快速敏感、易观察，适合在生产中使用。但在某些鸡群中应用 SPA 检测时存在非特异性凝集反应，容易出现假阳性，给该病的诊断造成影响。

5.1.2　血凝抑制试验（HI）

HI 试验主要检测血清中的 IgG，该方法特异性强，但不适用于 MS 感染的早期诊断。并且 HI 试验比较费时，操作烦琐，不利于基层推广应用，目前已较少使用。

5.1.3　酶联免疫吸附试验（ELISA）

与 SPA 和 HI 试验相比，ELISA 更特异、更敏感，也大大提高了检测效率，通常用于鸡群血清中抗体水平的常规监测，市场上有商品化的 ELISA 诊断试剂盒可供选择使用。

5.2 病原学检测方法

5.2.1 病原分离和鉴定

分离出 MS 并予以鉴定就可以做出阳性诊断。分离 MS 时，一般首选急性发病鸡的关节渗出液、肝脏、脾脏等为材料，用营养肉汤 1 ∶ 10 倍稀释后接种于 Frey 氏培养平板上培养 3 ～ 7 d 后，若为阳性，则可见针尖大小、无色透明、圆润、边缘光滑的菌落，呈典型"油煎蛋"状，即菌落中央厚硕隆起。或接种于 5 ～ 7 日龄 SPF 鸡胚卵黄囊中，5 ～ 10 d 后观察结果，若无病变即为阴性。从急性患病鸡上分离 MS 并不难，但在慢性感染阶段，病变组织中可能不再有 MS，此时可选择从病鸡的上呼吸道进行分离。

5.2.2 聚合酶链式反应（PCR）

PCR 较病原分离更为快速、简便，而且与血清学检测方法相比，PCR 能解决感染鸡抗体产生延迟时检测不到抗体的问题[3]。该方法特异性好，灵敏度高，尤其是实时荧光定量 PCR（Real-Time PCR）方法更为精准快速，但检测成本较高。还可借助多重 PCR 方法对 MS 及其他多种支原体进行鉴别诊断[4]。

6　预防与控制

必须采取有效的综合防疫措施，防止 MS 感染的发生。加强饲养管理，重点搞好卫生消毒工作，有计划地进行鸡群检疫，彻底淘汰阳性鸡，孵化种蛋进行药物处理或加热处理，消除种蛋中的 MS，逐步净化鸡群。也可通过疫苗接种来预防该病，主要有灭活苗和活疫苗两种，目前用于预防鸡滑液囊支原体病的活疫苗主要是温度敏感型 MS H 株弱毒疫苗（MS-H），这种疫苗已在澳大利亚广泛应用[5]。国内 MS 活疫苗（MS-H）正处于注册过程中。在病情控制方面，当鸡群发病时可以适当投喂抗 MS 的敏感药物加以控制[6]。

参考文献

[1] Bradbury J M. Recovery of *Mycoplasmas* from birds. Methods Mol Biol, 1998, 45-51.

[2] Ferguson-Noel N, Noormohammadi A H. *Mycoplasma gallisepticum* infection. Diseases of poultry 13th ed, 2013, 900-907.

[3] 丁美娟，卢凤英，尹秀凤，等. 应用 PCR 快速检测鸡滑液囊支原体的研究. 中国家禽, 2015, 37(19):68-70.

[4] Sprygin A V, Andreychuk D B, Kolotilov A N, *et al*. Development of a duplex Real-Time TaqMan PCR assay with an internal control for the detection of *Mycoplasma gallisepticum* and *Mycoplasma synoviae* in clinical samples from commercial and backyard poultry. Avian Pathol, 2010, 39: 99-109.

[5] Morrow C J, Markham J F, Whithear K G. Production of temperature-sensitive clones of *Mycoplasma synoviae* for evaluation as live vaccines. Avian Dis, 1998, 42: 667-670.

[6] 赵静，冯金玲，靳继惠，等. 2016 年鸡重要疫病流行动态分析. 中国家禽，2016, 38(12):69-72.

禽大肠杆菌病
avian colibacillosis

1　病原学

禽大肠杆菌病（avian colibacillosis）是一种以禽致病性大肠杆菌（avian pathogenic *Escherichia coli*，APEC）为病原体的禽类细菌性传染病。APEC 为肠杆菌科、埃希氏菌属、革兰氏阴性无芽孢短杆菌。禽大肠杆菌病可导致患鸡孵化率降低，生长发育迟缓，产蛋率下降，且多继发或并发其他疾病，死淘增加，是养禽业存在最广泛也是最棘手的传染病之一[1]。

2　流行病学

APEC 可感染所有日龄家禽，但幼禽和胚胎易感性较高，肉鸡较其他品种更易感。病原主要通过消化道、呼吸道、生殖道感染，通过被污染的种蛋、饲料、饮水等传播，潜伏期从数小时到数天不等。在卫生条件较好的鸡场，本病造成的损失不大。但在卫生条件差，饲养管理不善，通风换气不良的鸡场，可造成严重的经济损失。当鸡群发生 H9 亚型禽流感、新城疫等疾病时，因机体抵抗力降低常发生大肠杆菌病的继发感染。禽大肠杆菌病一年四季均可发生，但在换季、多雨、闷热、潮湿时节多发。

3　临床症状

由于大肠杆菌的血清型、致病力、感染途径、被感染禽年龄和机体状态的不同，临床上呈现多种症状。

母体带菌或蛋壳受污染时，病原经蛋壳入侵并感染胚体，导致孵化率大大降低；若感染的胚胎不死，则出壳后多数雏鸡表现为脐炎和卵黄囊炎，脐口周围发红或青紫，腹部膨大，排泄黄绿色或灰白色泥土样粪便，多于 1 周内死亡，耐过鸡则表现为生长发育迟缓。

高致病力菌株可导致各年龄段鸡发生急性败血症，表现为患病鸡无明显症状的突然死亡；亚急性感染表现为精神沉郁，翅羽松乱，采食减少，离群呆立，排黄白或黄绿色稀粪，关节肿大，行走困难或跛行；继发于呼吸道疾病感染鸡只常发生气囊炎，表现为咳嗽和呼吸困难；产蛋鸡则多发生输卵管炎和腹膜炎，多为突然的散发性死亡，腹部肿胀，粪便可见白色黏液，甚至含有蛋清、凝固的蛋黄或蛋白，产蛋量减少或不产蛋，蛋壳带血；某些感染鸡出现头部眶下窦、眼周或颌下肿胀；也有鸡只出现典型的一侧眼睛眼前房积脓，甚至失明；少数病例出现肉芽肿，脑炎等症状[1, 2]。

4　剖检变化

不同的临床表现形式其剖检变化也有所不同。

胚胎与幼雏早期死亡：卵黄吸收不良，卵黄囊充血、出血，囊内卵黄液稀薄，多呈黄绿色。

雏鸡脐炎和卵黄囊炎：脐口发炎，红肿，剖检可见卵黄吸收不良。

急性败血症：肝脏肿大出血，肾脏脾脏肿大，肺脏充血水肿，腹腔液增多。

纤维素性炎症：表现为气囊炎，心包炎，肝周炎等。常见气囊壁增厚混浊，有干酪样渗出物，心包膜和肝被膜上附有纤维素性伪膜，心包膜增厚，心包液增多、混浊，肝肿大，质地脆弱，被膜增厚，被膜下散在大小不等的出血点和坏死灶（图1）。

输卵管炎和腹膜炎：产蛋期鸡感染可见输卵管扩张，充血或出血，有干酪样分泌物，卵泡变形出血，有畸形卵阻滞，甚至卵破裂，腹腔液增多，腹膜有灰白色渗出物（图2）。

关节滑膜炎：多见于跗关节。关节明显肿胀、发热，内有黄色积液。滑膜囊内有不等量的灰白色或淡红色渗出物，关节周围组织充血水肿。

头部皮下炎症：切开可见皮下有胶冻样炎症渗出物或干酪样黄色坏死物质。

肉芽肿：一般发生于心脏、肝脏、胰脏、十二指肠、盲肠系膜上，出现小米至绿豆大小不等的黄白色肉芽肿结节，使肠管粘连不易分离。心脏常因肉芽结节而变形。

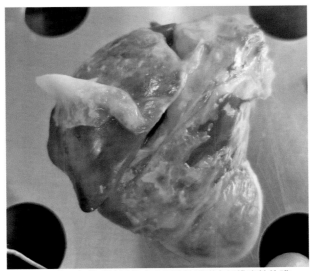

图1 大肠杆菌感染引起病鸡肝脏被膜附有纤维素性伪膜

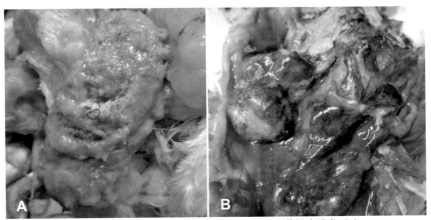

图2 大肠杆菌感染引起的输卵管炎（A）和卵黄性腹膜炎（B）

5 诊断方法

根据流行情况、病史、临床症状和剖检变化可以做出初步诊断，但确诊必须依靠实验室对病原菌的分离鉴定。

5.1 分离培养

取病鸡的肝脏、脾脏或腹水、气囊渗出物、心包腔渗出物等病料分离细菌。接种于普通营养琼脂平板37℃培养18～24 h可形成中等大小，稍隆起，表面光滑湿润的灰白色圆形菌落；在麦康凯平板上呈粉红色菌落；在伊红美蓝平板上呈暗黑色并带有绿色金属光泽小菌落；在血琼脂上出现较大，灰白色，有黏性，稍隆起圆形菌落，不溶血或β溶血（图3）。分离菌接种于普通肉汤培养基呈均匀混浊，24 h培养后可形成菌膜，管底有灰白色黏稠沉淀，有粪臭味。

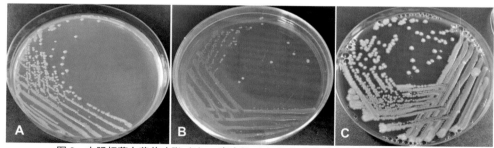

图3 大肠杆菌在营养琼脂（A）、麦康凯（B）和血琼脂（C）培养基上的菌落形态

5.2 显微镜镜检

取鉴别培养基上分离培养的细菌，或病死禽肝脏，气囊渗出物，心包渗出物或腹腔渗出物等涂片固定，用革兰氏或瑞特氏染色法染色后镜检，可见两端钝圆，单个散在或成对排列的短杆菌，菌体着色均匀，革兰氏阴性（图4）。

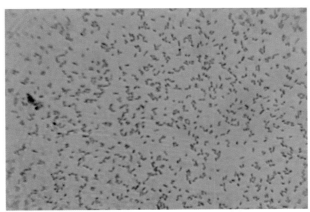

图4　大肠杆菌显微镜镜检（革兰氏染色）

5.3　PCR 鉴定

PCR 是检测致病性大肠杆菌及其毒力岛的快速准确方法。设计特异性引物，可检测其各种毒力因子，特异性强，敏感度高，是目前最可靠快速的鉴别致病菌类型及区分致病菌和非致病菌的方法[3, 4]。

5.4　其他方法

5.4.1　生化试验

禽致病性大肠杆菌的生化特性和其他大肠杆菌基本相似，能分解葡萄糖、麦芽糖、甘露醇、木糖、甘油、鼠李糖、山梨醇和阿拉伯糖，并产酸产气，大多数菌株可迅速发酵乳糖；不分解糊精、淀粉和尿素，不液化明胶；吲哚和甲基红反应呈阳性，V-P 试验和枸橼酸盐利用试验呈阴性。

5.4.2　血清分型鉴定

制备纯培养的被检菌 O 抗原，与大肠杆菌单因子诊断血清进行血清型鉴定。血清学分析是致病性大肠杆菌分类的主要依据。O_1，O_2，O_{78} 为主要禽致病血清型[4]。

6 预防与控制

大肠杆菌为环境常在菌，故控制本病重在预防。应做好饲养管理，加强环境卫生，防止各种不良环境因素的影响，预防控制支原体和病毒病，减少原发、继发或混合感染大肠杆菌病的机会[5]。可用 O_1、O_2、O_{35}、O_{78} 等常见致病性血清型菌株混合制苗用于种鸡和雏鸡的预防接种，但由于大肠杆菌血清型多且复杂，疫苗在预防本病上有地域和范围的局限性[6]。抗生素或合成抗菌药物是目前主要的治疗措施，为有效治疗，首先要进行分离菌的药物敏感试验，根据试验结果使用抗生素，并辅以对症治疗，联合用药、交替用药以保证疗效。

参考文献

[1] Saif Y M. 禽病学. 12 版. 苏敬良，高福，索勋主译. 北京：中国农业出版社, 2012.

[2] Janben T, Schwarz C, Preikschat P, *et al.* Virulence-associated genes in avian pathogenic *Escherichia coli* (APEC) isolated from internal organs of poultry having died from colibacillosis. Int J Med Microbiol, 2001, 291: 371-378.

[3] Chrism E, Traute J, Sabine K. Rapid detection of virulence-associated genes in avain pathogenic *Escherichia coli* by multiplex polymerase chain reaction. Avian Dis, 2005, 49: 269-273.

[4] Dou X H, Gong J S, Han X A, *et al.* Characterization of avian pathogenic *Escherichia coli* isolated in eastern China. Gene, 2016, 576: 244-248.

[5] 张国中，赵继勋. 2015 年鸡重要疫病流行动态分析. 中国家禽, 2015, 37(8): 71-74.

[6] 马兴树. 禽大肠杆菌病疫苗研究进展. 中国畜牧兽医, 2015, 42(1): 234-244.

禽沙门氏菌病

avian salmonellosis

禽沙门氏菌病（avian salmonellosis）是由沙门氏菌属（*Salmonella*）的某一种或多种沙门氏菌引起的禽类急性或慢性疾病的总称。沙门氏菌属是肠杆菌科的一个大属，包含 2 500 多种血清型。禽沙门氏菌病根据抗原结构不同可分为 3 类：鸡白痢、禽伤寒和禽副伤寒。无鞭毛无运动性的鸡白痢和鸡伤寒主要引起鸡和火鸡发病，有鞭毛能运动的禽副伤寒广泛感染各种动物和人。

1 鸡白痢（pullorum disease, PD）

1.1 病原学

本病是由鸡白痢沙门氏菌（*Salmonella pullorum*）引起的一种禽类传染病，主要危害鸡和火鸡，以雏鸡拉白色糊状稀粪为特征。

1.2 流行病学

该病常呈流行性暴发，2～3 周龄以内雏鸡的发病率与死亡率最高。随着日龄的增加，鸡对本病的抵抗力增强，4 周龄后的鸡发病率和死亡率显著下降，存活鸡成为带菌鸡。成年禽感染后常呈局限性、慢性感染或隐性感染。本病是典型的经蛋垂直传播疾病之一，亦可通过多种途径水平传播[1]。

1.3 临床症状

雏鸡和成年鸡感染本病后的临床表现有显著差异。

胚胎阶段感染大多在孵化过程中死去，或孵出病弱雏，且出壳后不久死亡，无明显症状。出壳后感染者多见于 4～5 日龄，常呈无症状急性死亡。7～10 日龄发病鸡增多，至 2～3 周龄达到高峰。病鸡特征性表现是拉白色糊状稀粪，沾污肛门周围的绒毛，有的因粪便干结封住肛门，而影响排粪。有的病鸡还会出现眼盲或者关节肿胀、跛行等症状[2, 3]。3 周龄以上发病的鸡较少死亡。

成年鸡感染常无临诊症状。少数病鸡腹泻，产卵下降甚至停止。有些因卵巢或输卵管受到侵害而导致卵黄性腹膜炎，出现"垂腹"现象。

1.4 剖检变化

雏鸡感染可见脏器出现黄白色坏死灶或大小不等的灰白色结节（图1）；肝脏肿大，有条状出血；有时还可见心包炎和肠炎，盲肠内有干酪样物形成"盲肠芯"；卵黄吸收不良，内容物变性变质；肾脏充血或出血，输尿管充斥灰白色尿酸盐。若累及关节，可见关节肿胀，发炎[4, 5]。

呈慢性经过的病鸡主要表现为卵巢和卵泡变形、变色、变质，造成广泛性卵黄性腹膜炎，内脏粘连。成年鸡还常见腹水和心包炎。急性死亡的成年鸡病变与鸡伤寒相似，可见肝脏明显肿大、变形，呈黄绿色，表面凹凸不平，有纤维素渗出物被覆；纤维素性心包炎，心肌偶尔见灰白色小结节；肺脏淤血、水肿；脾脏、肾脏肿大及点状坏死；胰腺有时出现细小坏死。

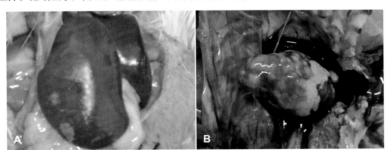

图1　肝脏表面白色坏死点（A）和心肌表面白色结节（B）

1.5 诊断方法

可从病死鸡的肝脏、脾脏、未吸收的卵黄、病变明显的卵泡和睾丸等处分离细菌。将病料直接接种至沙门氏菌的选择性培养基上，如SS琼脂、亚硫酸铋琼脂和亮绿琼脂；培养基或者血液、内脏器官经过选择性增菌后接种至鉴别培养基上，挑取可疑菌落接种至三糖铁进行初步鉴定，进一步再做生化鉴定、血清学鉴定或PCR鉴定。

1.6　预防与控制

注意做好鸡舍消毒与通风换气的合理措施。入孵种蛋用0.1%新洁尔灭喷洒洗涤或用0.5%高锰酸钾浸泡1 min，出壳后可用福尔马林和高锰酸钾熏蒸15 min，并在饮水或饲料中加入有效抗菌药物。

鸡白痢最大的传染源是带菌母鸡，所以春秋两季可对种鸡定期用血清凝集试验进行全面检疫及不定期抽查检疫，及时剔除阳性鸡和可疑鸡。磺胺类药物以及某些抗生素可有效治疗本病[6]。但磺胺类药物可抑制鸡的生长，干扰饲料、饮水的摄入和蛋的生产，同时用药时还应注意细菌耐药性问题。

2　禽伤寒（fowl typhoid, FT）

2.1　病原学

禽伤寒是由鸡伤寒沙门氏菌引起鸡、鸭和火鸡的一种急性或慢性败血症传染病。患鸡主要表现为黄绿色下痢，精神不振，厌食等症状，给养禽业带来了严重危害[4]。

2.2　流行病学

本病主要发生于成年鸡（尤其是产蛋期的母鸡）和3周龄以上的青年鸡，3周龄以下的鸡偶尔可见发病。病菌的入侵途径主要是消化道，其他途径还包括眼结膜等。此外，经蛋垂直传播是本病的一种重要传播方式。

2.3　临床症状

雏鸡发病时在临床症状和病理变化上与鸡白痢较为相似。如果在胚胎阶段感染，常造成死胚或弱雏。在育雏期感染，病雏表现为精神沉郁，怕冷扎堆并拉白色的稀粪。常因肺部受到侵害而出现呼吸困难和喘气症状。

青年鸡或成年鸡发病后常表现为突然停食，精神委顿，冠和肉髯苍白，体温升高 1～3℃，由于肠中胆汁增多，病鸡排出黄绿色稀粪。死亡多发生在感染后 5～10 d 内，死亡率较低，康复禽往往成为带菌者[7]。

2.4　剖检变化

病死雏鸡的病变与雏鸡白痢基本相似，特别是在肺脏和心肌中常见到灰白色结节状病灶。青年鸡和成年鸡的肝脏充血、肿大并染有胆汁呈青铜色或绿色，有坏死灶；心包发炎、积水；卵巢和卵泡变形、变色、变性，且往往因卵泡破裂而引发严重的腹膜炎；肠道一般可见到卡他性肠炎，尤其以小肠明显，盲肠有干酪样栓塞物，大肠黏膜有出血斑，肠管间发生粘连。

2.5　诊断方法

禽伤寒与鸡白痢沙门氏菌的诊断方法相同。肝脏、脾脏、盲肠是分离细菌的首选器官。本菌与鸡白痢沙门氏菌可通过鸟氨酸脱羧酶试验进行鉴别，前者不能脱羧而后者能迅速脱羧。禽伤寒发酵卫矛醇而鸡白痢则不发酵。

2.6　预防与控制

本菌的防治可参考鸡白痢来进行。

3　禽副伤寒（paratyphoid infections）

3.1　病原学

带鞭毛，具有运动性的沙门氏菌血清型通常称为副伤寒沙门氏菌。对家禽而言，本病主要引起禽生长受阻和体质虚弱，易于并发其他疾病，还可造成幼禽严重死亡，母禽感染后会明显影响产蛋率、受精率和孵化率。

3.2 流行病学

幼禽对副伤寒最为易感，可导致大批的发病和死亡[8]。1月龄以上的家禽有较强的抵抗力，一般不引起死亡，也往往不表现临床症状。对成年禽的致死作用很弱，能引起肠道定植，甚至全身扩散，没有明显的发病率和死亡率。本病主要通过消化道感染及蛋垂直传播，但也可能通过呼吸道或损伤的皮肤传染，感染禽的粪便是最常见的来源。

3.3 临床症状

家禽副伤寒感染通常只引起幼龄禽发病。种蛋污染沙门氏菌可导致较高的死胚率。如果是在出壳后才感染的雏鸡则表现闭眼，翅下垂，羽毛松乱，厌食，怕冷扎堆，饮水增加，并出现严重的水样下痢，引起脱水和糊肛，偶尔引起瞎眼和跛行。

3.4 剖检变化

最急性死亡的病雏一般没有明显病变。当病程稍长时，表现出严重肠炎，尤其以十二指肠的出血性肠炎特别突出，小肠黏膜局灶状坏死，有时可见干酪样盲肠栓子。肝脏和脾脏肿大，有条纹状出血或针尖大小的灰白色坏死点。许多病例有纤维素性化脓性肝周炎和心包炎。

成年鸡发生急性病例一般可见到肝脏、脾脏和肾脏充血性肿胀，肠道有出血性炎症，严重者可见坏死性肠炎，心包炎和腹膜炎。有的也会有关节炎症状。病情转为慢性者，剖检时主要变化是消瘦，除了上述病变外，还可见卵巢和输卵管有坏死性病变[9]。

3.5 诊断方法

副伤寒沙门氏菌感染几乎都有肠道定植，所以肠组织和内容物通常是培养的首选样品。用选择性鉴别培养基培养出疑似菌落后（图2）进行生化鉴定或PCR

鉴定。由于引起禽伤寒的沙门氏菌种类多，且与其他肠道菌可发生交互凝集，所以血清学方法在实际诊断中用得不多。

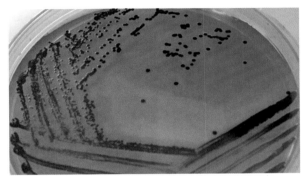

图2　肠炎沙门氏菌在 SS 培养基上的黑色菌落形态

鸡白痢沙门氏菌不能发酵黏多糖或卫矛醇，而鸡伤寒沙门氏菌不能使鸟氨酸脱羧或发酵葡萄糖产气，很容易区分大部分副伤寒与家禽专嗜性沙门氏菌。

3.6　预防与控制

一般可选用抗生素、磺胺类药物治疗本病，但药物治疗不能完全消灭本病。由于治愈后的家禽往往成为长期带菌者，因此不能留作种用。由于禽副伤寒沙门氏菌血清型众多，因此很难用疫苗来预防本病。近年来，某些益生菌制剂（如成年鸡盲肠或粪排泄物所得细菌构成的培养物）提供给雏鸡可以降低各种副伤寒沙门氏菌在雏鸡肠道的定植，进而减少细菌对内脏的侵袭[10]。

病禽和隐性带菌禽是本病的主要传染源。因此需要在每年的春秋两季定期对禽群进行普查，包括环境的细菌学检测和家禽的血清学检测，并抽检所选鸡的组织进行细菌学培养。查出的阳性禽及时隔离或淘汰。

参考文献

[1] Berchieri A Jr, Murphy C K, Marston K, *et al*. Observations on the persistence and vertical transmission of *Salmonella enterica* serovars pullorum and gallinarum in

chickens: effect of bacterial and host genetic background. Avian Pathol, 2001, 30: 221-231.

[2] Barrow P A, Freitas Neto OC. Pullorum disease and fowl typhoid--new thoughts on old diseases: a review. Avian Pathol, 2011, 40: 1-13.

[3] Evans W M, Bruner D W, Peckham M C. Blindness in chicks associated with salmonellosis. Cornell Vet, 1955, 45: 239-247.

[4] Shivaprasad H L. Fowl typhoid and pullorum disease. Rev Sci Tech, 2000, 19: 405-424.

[5] Hossain M A, Islam M A. Seroprevalence and mortality in chickens caused by pullorum disease and fowl typhoid in certain government poultry farms in Bangladesh. Bangladesh Journal of Veterinary Medicine, 2009, 2: 103-106.

[6] Pan Z, Wang X, Zhang X, et al. Changes in antimicrobial resistance among Salmonella enterica subspecies enterica serovar Pullorum isolates in China from 1962 to 2007. Vet Microbiol, 2009, 136: 387-392.

[7] Evans W M, Bruner D W, Peckham M C. Blindness in chicks associated with salmonellosis. Cornell Vet, 1955, 45: 239-247.

[8] Dhillon A S, Shivaprasad H L, Roy P, et al. Pathogenicity of environmental origin Salmonellas in specific pathogen-free chicks. Poult Sci, 2001, 80: 1323-1328.

[9] Hoop R K, Pospischil A. Bacteriological, serological, histological and immunohistochemical findings in laying hens with naturally acquired Salmonella enteritidis phage type 4 infection. Vet Rec, 1993, 133: 391-393.

[10] Nuotio L, Schneitz C, Halonen U, et al. Use of competitive exclusion to protect newly-hatched chicks against intestinal colonisation and invasion by salmonella enteritidis PT4. Br Poult Sci, 1992, 33: 775-779.

葡萄球菌病
staphylococcosis

1 病原学

从家禽中能分离到的葡萄球菌包括金黄色葡萄球菌（*S. aureus*）和表皮葡萄球菌（*S. epidermidis*），金黄色葡萄球菌是唯一对家禽有致病性的葡萄球菌。金黄色葡萄球菌感染在家禽中很常见，主要引起禽类的腱鞘炎、化脓性关节炎、脚垫肿、败血症、脐炎、眼炎等多种病型[1]，偶尔见细菌性心内膜炎和脑脊髓炎。该病通常是慢性的，抗生素治疗或免疫接种效果不佳。

2 流行病学

葡萄球菌无处不在，是皮肤和黏膜的正常菌群，也是家禽孵化、饲养或加工环境中常见的微生物。有些葡萄球菌具有潜在的致病性，在鸡只的皮肤、黏膜完整性遭到破坏的情况下可进入机体引起疾病[2]。该病发生与饲养管理水平、环境污染程度、饲养密度有密切关系。鸡、鸭、鹅和火鸡等禽类各种日龄对葡萄球菌均易感，但以幼龄时更为敏感。

3 临床症状

由于病原菌侵害的部位不同，临床表现有多种类型。

3.1 葡萄球菌性败血病

该病型临床表现不明显，多见于发病初期。可见病鸡精神沉郁，缩颈低头，运动较少。病后 1～2 d 死亡[3]。

3.2 葡萄球菌性皮炎

病鸡精神沉郁，羽毛松乱，少食或不食，部分病鸡腹泻。局部羽毛已脱落或松动易落。皮肤破溃后流出褐色或紫红色的液体，使周围羽毛污染。部分鸡在翅膀背侧及腹面、翅尖、尾部、头脸、肉垂等部位，出现大小不等的出血斑，局部发炎、坏死或干燥结痂[3]。

3.3 葡萄球菌性关节炎

幼禽、成年禽均可发生该病型，肉仔鸡更为常见。多发生于跗和趾关节，患鸡常为一侧关节肿大，患处有热痛感，局部紫红色或黑紫色，破溃后形成黑色的痂皮，有的出现趾瘤；运动出现跛行，不能站立，伏卧在水槽或食槽附近，因运动、采食困难，导致衰竭或继发其他疾病而死亡[4]。

3.4 葡萄球菌性脐炎

病鸡体弱怕冷，不爱活动，常聚集在热源附近。新生雏鸡的脐孔闭锁不全，脐环发炎肿大或形成坏死灶，腹部膨胀（大肚脐），与大肠杆菌所致脐炎相似，可在 1～2 d 内死亡[4]。

3.5 鸡胚葡萄球菌病

雏鸡出壳后几天内死亡率升高。患病鸡雏脐部潮湿并迅速恶化。其卵黄囊增大，内容物颜色和黏稠度异常[2]。

上述常见病症可单独发生，也可几种同时发生，临床上还可见其他类型，如眼炎、肺炎、浮肿性皮炎、胸囊炎、脚垫肿、脊椎炎和化脓性骨髓炎等[5]。

4 剖检变化

4.1 葡萄球菌性败血病

表现为许多内脏器官坏死，血管充血；心包积液，呈淡黄色，心内膜、外膜、冠状脂肪有出血点或出血斑；肠道黏膜充血、出血；肺充血；肾淤血肿胀。

4.2　葡萄球菌性皮炎

病死鸡局部皮肤增厚、紫黑色水肿，切开皮肤见有数量不等的胶冻样黄色或粉红色液体，胸肌及大腿肌肉有散在出血点、出血斑或带状出血，或皮下干燥，肌肉呈紫红色。肝脏肿大，呈紫红色或花纹样，有出血点，病程稍长的，有数量和大小不等的白色坏死点；脾脏肿大，可见白色坏死点；心包发炎，内有黄色混浊的渗出液。

4.3　葡萄球菌性关节炎

可见关节肿胀处皮下水肿，滑膜增厚，关节腔内有浆液性或浆液纤维素性渗出物。病程较长的慢性病例，渗出物变为干酪样，关节周围组织增生，关节畸形，胸部囊肿，内有脓性或干酪样的物质。

4.4　葡萄球菌性脐炎

脐部发炎、肿胀，呈紫色，有暗红色或黄色的渗出液，时间稍久则呈脓性或干酪样渗出物。卵黄吸收不良，呈污黄色、黄绿色或黑色，内容物稀薄、黏稠或呈豆腐渣样，有时可见卵黄破裂和腹膜炎。肝脏肿大，有出血点，胆囊肿大。

4.5　鸡胚葡萄球菌病

死胚表面黏附灰褐色黏液，胚液呈灰褐色，胚头部及枕部皮下显著水肿和点状出血，水肿液呈胶冻样，浅灰色；死胚腹部膨大，脐部肿胀，黑褐色，部分脐环闭合不全；软脑膜、心外膜可见点状出血；肺淤血及点状出血；肝脏土黄色；卵黄囊容积大，血管呈树枝状充血和点状出血，卵黄暗黄色。

5　诊断方法

根据发病特点、临床症状和病理变化可作出初步判断，最终确诊需进行实验室微生物学检查。

5.1 培养特性观察

葡萄球菌属于革兰氏染色阳性球菌。无鞭毛，无荚膜，不产生芽孢。该菌营养要求不高，在普通琼脂培养基上即可生长。大多数金黄色葡萄球菌菌株具有 β 溶血性（图1），其他葡萄球菌通常不溶血[6]。

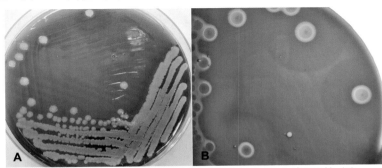

图1　金黄色葡萄球菌在血琼脂平板上的培养（A）和 β 溶血活性（B）

5.2 细菌分离培养

无菌采集病死鸡皮下渗出液、关节腔渗出液或雏鸡卵黄囊液以及内脏器官如肝脏、脾脏、肾脏作为金黄色葡萄球菌分离培养的病料。利用金黄色葡萄球菌对高浓度 NaCl（7.5%）的耐受，可把它从严重污染的病料中分离出来。由于葡萄球菌是禽体健康菌群的一部分，所以仅仅分离出葡萄球菌并不能作为葡萄球菌病的绝对诊断依据，还需要进行致病性和非致病性葡萄球菌的区别鉴定。

6　预防与控制

创伤是金黄色葡萄球菌侵入机体的门户，减少创伤有助于预防感染。搞好环境卫生，定期用 0.3% 过氧乙酸喷雾消毒禽舍。注意对蛋壳表面的消毒及对孵化室空气、地面及孵化器的消毒工作，防止孵化过程中污染。

金黄色葡萄球菌对药物极易产生耐药性。由于耐药菌株不断增多，治疗本病必须进行药敏试验，选择有效药物全群给药。治疗中首选口服易吸收的药物，发病后立即全群投药，对病情严重的，可经肌肉注射给药。

参考文献

[1] Zhu X Y, Wu C C, Hester P Y. Systemic distribution of *Staphylococcus aureus* following intradermal footpad challenge of broilers. Poult Sci, 2001, 80: 145-150.

[2] Saif Y M. 禽病学. 12 版. 苏敬良，高福，索勋主译. 北京：中国农业出版社, 2012.

[3] 朱新国. 鸡葡萄球菌病的综合防治措施. 畜牧兽医科技信息, 2013, 11: 76.

[4] 车树广，于治山. 鸡葡萄球菌病的诊断与治疗. 中国畜牧兽医文摘, 2016, 32(9): 207.

[5] Mutalib A, Riddell C, Osborne A D. Studies on the pathogenesis of staphylococcal osteomyelitis in chickens. Ⅱ. Role of the respiratory tract as aroute of infection. Avian Dis, 1983, 27: 157-160.

[6] Pezzlo M. Identification of commonly isolated aerobic Gram-positive bacteria. Clinical Microbiology Procedures Handbook, 1992, 1: 1-12.

鸡球虫病

chicken coccidiosis

1 病原学

鸡球虫病（chicken coccidiosis）是由艾美科、艾美耳属的多种球虫寄生于鸡的肠上皮细胞内所引起的一种寄生性原虫病[1]。鸡球虫多危害雏鸡，发病率高达 50% ～ 70%。球虫主要在鸡的肠道内繁殖，引起感染鸡的组织损伤，导致其摄食能力、消化功能和营养吸收功能的紊乱，并对其他病原的易感性增加[2, 3]。成年鸡一般不发病，但为带虫者，增重和产蛋能力降低，是传播球虫病的重要病源。但当其免疫力因其他疾病而受到影响时，可能引起球虫病的暴发。病愈的雏鸡生长受阻，增重缓慢，饲料报酬下降。目前针对该病的预防给药费用占据养禽业的大量支出，同时该病的暴发也给养禽业造成严重的经济损失。

2 流行病学

鸡球虫病分布很广，世界各地普遍发生，但具有明显的宿主特异性。各种品种的鸡对艾美尔球虫均有易感性，3 ～ 6 周龄的雏鸡最易感，发病率和死亡率最高。摄入有活力的孢子化卵囊是艾美尔球虫唯一的自然传播方式，球虫可以通过饲料和水源等感染鸡只。鸡只的感染则取决于摄入的卵囊数量和自身的免疫状态。该病没有明显的季节性，在舍饲的鸡场中，一年四季均可发生[4]。在我国北方，4 月份较为流行，以 7 ～ 8 月份最为严重。在鸡舍潮湿、闷热、卫生条件恶劣再加上鸡群密度过大、营养不良的条件下，最容易发生本病。

3 临床症状

3.1 急性型

多见于雏鸡，病程数日至 2 ～ 3 周。病雏便血、拉稀，最初显示精神沉郁，羽毛耸立，头卷缩，食欲减退或废绝，饮欲增加，嗉囊积液，粪如水样并带有血液，重者全为血粪，鸡冠和可视黏膜苍白；末期常发生神经症状，翅下垂，两腿不断地发生痉挛性收缩，不久即死亡。

3.2　慢性型

多见于 4～6 月龄的鸡或成年鸡，病程数周到数月。病程发展缓慢，患病鸡逐渐消瘦，贫血，出现间歇性下痢和血便，生长发育缓慢，产蛋量减少，很少发生死亡，但为带虫者，是传播球虫病的重要病源。

4　剖检变化

鸡艾美耳球虫有 7 个种，它们在鸡肠道内寄生部位不一且致病力也不尽相同，且常见两种或多种的混合感染。常见的病变包括：病死鸡贫血、可视黏膜苍白，鸡冠苍白、发青；泄殖腔周围羽毛被液状排泄物污染，小肠肠管扩张，肠壁浆膜上可见许多圆形白色斑点坏死，肠黏膜增厚，表面粗糙，剖开后外翻，内容物多为南瓜样黏液；盲肠肿大，内多充满暗红色的血块，盲肠黏膜上皮变厚、坏死，有的脱落，有的出现针尖样红色圆形出血斑点；未继发感染的其他内脏较为正常。

5　诊断方法

鸡的带虫现象较为普遍，是否是由球虫引起的发病和死亡，应根据临诊症状、流行病学、病理剖检变化情况和病原检查结果进行综合判断。

5.1　显微镜检查

病鸡剖检取肠黏膜触片或刮取肠黏膜涂片，观察到裂殖体、裂殖子或配子体，均可确诊为球虫感染。为进一步鉴定球虫，可将病变部位的黏膜刮取少许或病鸡的粪便，放在载玻片上，与甘油饱和盐水调和均匀，加盖玻片，置显微镜下观察，发现卵囊即可确诊，并可以根据卵囊特征对球虫种属做出初步鉴定。进一步的确定虫种需要 PCR 或代谢酶电泳分析[5]。

5.2　病理组织学检查

HE 切片染色可见肠绒毛黏膜上皮细胞坏死、脱落，有纤维素性渗出物；黏膜固有层及黏膜下层中性粒细胞、淋巴细胞浸润，有游离的红细胞，球虫寄生于绒毛上皮细胞内。其他常规的组织学染色也能显示出发育阶段的虫体。

5.3　粪便检查

取少量粪便用饱和盐水漂浮法检查卵囊。但谨记不能单纯依靠粪检来确诊。因为有时在急性病例的粪中不一定能检出卵囊，而且雏鸡和成鸡的带虫现象较为普遍。

6　预防与控制

球虫病主要是通过粪便污染的场地、饲料、饮水及其他用具进行传播的，因此搞好鸡群的环境卫生、加强鸡场的日常管理，是防治球虫病的重要措施。目前球虫病的防治主要通过药物治疗和活卵囊疫苗免疫两种方法。从最早的磺胺类药物到目前广泛应用的离子载体类药物，抗球虫药对于减轻鸡球虫病的危害、确保养鸡业的发展起到了重要的作用，但随着抗球虫药物的过量使用，球虫几乎对所有使用过的抗球虫药物都产生了耐药性[6-8]，这给鸡球虫病的防治带来了很大障碍。因此，鸡球虫病的防治应根据本地实际，结合定期进行优势虫种的调查、抗药性检测，参照历史用药轮换用药，制定合理的用药方案。此外，活疫苗可以作为一种有效的预防给药的替代方法[9]，但也存在局限性，主要表现在使用条件较为严苛，鸡群对于球虫免疫能力的获得需要时间，多价疫苗的生产成本高等，并且免疫后加强饲养管理也是免疫成功的关键。

参考文献

[1] Saif Y M. 禽病学 . 12 版 . 苏敬良 , 高福 , 索勋主译 . 北京 : 中国农业出版社 , 2012.

[2] 索勋 , 李国清 . 鸡球虫病学 . 北京 : 中国农业大学出版社 , 1998.

[3] 汪明 . 兽医寄生虫学 . 北京 : 中国农业出版社 , 2003.

[4] Allen P C, Fetterer R H. Advances in biology and immunobiology of *Eimeria* species and in diagnosis and control of infection with these coccidian parasites of poultry. Clin Microbiol Rev, 2002, 15: 58-65.

[5] Chapman H D, Barta J R, Blake D, *et al*. A selective review of advances in coccidiosis research. Adv Parasitol, 2013, 83: 93-171.

[6] Bedmik P, Firmanova A, Kucera J. Evaluation of anticoccidal activity of Diclazuril (Clinacox) in floor-pen trials. Biochem Pharmacol, 1991, 1: 23-26.

[7] Chapman H D. *Eimeria tenella*: experimental studies on the development of resistance to robenidine. Parasitology, 1976, 73: 265-273.

[8] McLoughlin D K, Gardiner J L. Drug resistance in *Eimeria tenella*. VI. The experimental development of an Amprolium-resistant strain. J Parasitol, 1968, 54: 582-584.

[9] Song X, Ren Z, Yan R, *et al*. Induction of protective immunity against *Eimeria tenella*, *Eimeria necatrix*, *Eimeria maxima* and *Eimeria acervulina* infections using multivalent epitope DNA vaccines. Vaccine, 2015, 4: 2764-2770.

鸡盲肠肝炎
histomoniasis

1 病原学

禽组织滴虫病（histomoniasis）又称为传染性盲肠肝炎或"黑头病"，是由火鸡组织滴虫（*Histomonas meleagridis*）引起鸡和火鸡的一种原虫病。该病主要导致宿主盲肠和肝脏的病理损伤，以肝脏坏死、盲肠肿大和排硫黄样粪便为主要特征，在火鸡中尤为严重，可引起严重的经济损失[1]。

2 流行病学

本病的主要传播途径是消化道，常见的盲肠线虫 - 异刺线虫是火鸡组织滴虫的唯一中间宿主。病鸡排出的粪便中可能含有大量的异刺线虫卵，这种虫卵中常藏有组织滴虫的幼虫，当这些排泄物污染了饲料、饮水、鸡舍和运动场地面，被健康鸡采食或者泄殖腔接触到被污染的新鲜粪便，再通过泄殖腔的逆蠕动将组织滴虫转移到泄殖腔[2, 3]。另外，蚯蚓、蝇类、蟋蟀等昆虫也能机械带虫。本病的暴发具有季节性，大部分暴发发生在夏季，4～6周龄的鸡和3～12周龄的火鸡对本病最敏感。卫生条件不好，鸡群过度拥挤，鸡舍、运动场不清洁，舍内通风换气不良，光线不足、饲料质量差是诱发本病的主要因素。

3 临床症状

鸡盲肠肝炎早期的临床症状为排硫黄样稀粪，随后出现精神萎靡，垂翅，步态僵硬，闭眼，低头和食欲不振，头部可能发绀，因而被称为"黑头病"。对于产蛋鸡会使产蛋率下降[4]。

4 剖检变化

病鸡剖检可见盲肠肿大，盲肠壁增厚充血，从黏膜渗出的浆液性和出血性渗出物充满盲肠腔，随后发生干酪化，形成干硬的干酪样充塞物，横切面呈同心圆状，有的带有血丝（图1）。肝肿大，色泽变淡，有圆形或不规则的坏死灶，其中央下陷，边缘略隆起，呈淡黄色或淡绿色，大小不一，可连成一片（图2）[5]。

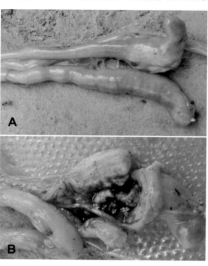

图1　盲肠肿大（A）、腔内有出血性渗出物和横切面呈同心圆状干酪物（B）

图2　肝脏肿大，有圆形或不规则的坏死灶

5　诊断方法

根据典型的剖检变化可以做出初步诊断，确诊最常采用显微镜检查，具体操作方法是刮取新鲜肠黏膜，加生理盐水在显微镜下观察，见到活动的鸡黑头组织滴虫，呈钟摆式运动，即可确诊为鸡盲肠肝炎。也可制备肝脏组织触片检查虫体，制作肝脏组织和盲肠的石蜡切片时，组织滴虫在HE染色时呈嗜伊红性，组织中的虫体着色较淡，其核隐约可见，以单个、成群或连片的形式存在于变性坏死的组织中，虫体的大小5～20 μm。

6　预防与控制

本病主要通过消化道感染，成鸡多带虫而无症状[6]。病鸡和带虫鸡既可随粪便排出原虫，也可排出藏有原虫的异刺线虫虫卵，这些病鸡的粪便污染了饲料、饮水，易感鸡吃了以后就会发生感染。因此加强对鸡群的饲养管理尤为重要，要经常彻底地对养殖场（舍）进行清扫消毒，病死禽要按照规定进行无害化处理，加强对粪便的清理并将清理出来的粪便堆积发酵。此外，鸡群应做好定时驱虫工作，预防和治疗药物可选用甲硝唑和痢特灵。

参考文献

[1] Saif Y M. 禽病学 . 12 版 . 苏敬良 , 高福 , 索勋主译 . 北京 : 中国农业出版社 , 2012.

[2] Giannenas I, Florou-Paneri P, Papazahariadou M, *et al*. Effect of dietary supplementation with oregano essential oil on performance of broilers after experimental infection with *Eimeria tenella*. Arch Tierernahr, 2003, 57: 99-106.

[3] Gibbs B J. The occurrence of the protozoan parasite *Histomonas meleagridis* in the adult and eggs of the cecal worm *Heterakis gallinae*. J Protozool, 1962, 9: 288-293.

[4] Esquenet C, De Herdt P, De Bosschere H, *et al*. An outbreak of histomoniasis in free-range layer hens. Avian Pathol, 2003, 32: 305-308.

[5] 赵长光 , 姚学军 , 张富库 , 等 . 鸡组织滴虫病的诊治 . 中国兽医杂志 , 2014, 4(2): 97-98.

[6] McDougald L R. Blackhead disease (histomoniasis) in poultry: a critical review. Avian Dis, 2005, 49: 462-476.

禽曲霉菌病

avian aspergillosis

1　病原学

禽曲霉菌病（avian aspergillosis）是由真菌中的曲霉菌引起的多种禽类的真菌性疾病，主要侵害禽类的呼吸器官。其主要病原体为烟曲霉菌，其次为黄曲霉，此外，黑曲霉、构巢曲霉、土曲霉等也有一定的致病性[1]。

2　流行病学

禽曲霉菌病可在各种禽类中发生。各种年龄均易感，幼禽最易感，幼雏常呈急性暴发，发病率较高，死亡率一般在 10% ～ 50%，成年禽多为慢性散发病例。本病可通过多种途径感染，可穿透蛋壳进入蛋内，引起胚胎死亡或雏鸡感染，此外还可通过呼吸道、伤口等途径感染禽类。曲霉菌经常存在于垫料和饲料中，在适宜条件下大量生长繁殖，形成曲霉菌孢子，若严重污染环境与种蛋，可造成曲霉菌病的发生。育雏阶段的卫生条件不良，孵化器，饲、饮器具等被霉菌污染是本病高发的主要诱因。该病以冬季多发，南方则以梅雨潮湿季节发病较多。

3　临床症状

本病自然感染的潜伏期为 2 ～ 7 d。1 ～ 20 日龄雏鸡常呈急性经过，减食或不食，精神不振，羽毛松乱，呆立一隅呈闭目嗜睡状，随后出现呼吸困难，病鸡头颈伸直，张口呼吸，气管啰音，鸡冠和肉髯暗红发紫；某些病例表现出神经症状，如摇头、甩鼻、头颈不随意屈伸、共济失调、两腿麻痹、脊柱变形等[2]。

成年或青年禽多呈慢性经过，主要表现为生长缓慢，发育不良，羽毛松乱、畏光，喜呆立，逐渐消瘦、贫血，严重时呼吸困难，最后死亡[3]。产蛋禽则产蛋减少，甚至停产，病程可达数周或数月。

4　剖检变化

其特征性病变主要表现在肺和气囊。肺脏可见从小米到绿豆大小的霉菌结节，呈灰白色或淡黄色（图1）。少数死禽可见到肺脏肿大，呈土黄色。气管和囊膜出现点状以至片状混浊及炎性渗出物，也会形成大小不一的霉菌结节，甚至隆起霉菌斑。在腹腔其他脏器的浆膜表面，也可产生霉菌结节[4]。

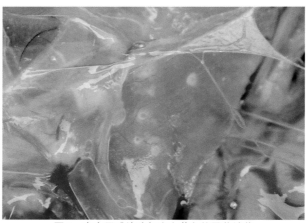

图1　存在于感染鸡气囊上黄色的霉菌结节

5　诊断方法

根据发病特点（饲料、垫草的严重污染发霉，幼禽多发且呈急性经过）、临床特征（呼吸困难）、剖检病理变化（在肺、气囊等部位可见灰白色结节或霉菌斑块）等，可做初步诊断[5]，确诊必须进行微生物学检查和病原分离鉴定。

5.1　血清学检测方法

生产中可选用直接 ELISA 的方法筛选并淘汰阳性禽。

5.2 病原学检测方法

5.2.1 病原分离培养

无菌采取病料（霉菌斑或结节）直接接种或将病料研磨后接种于沙保氏琼脂平板培养基，37℃培养 36 h 后，阳性菌落初为白色绒毛状，逐渐变大并形成孢子，菌落呈面粉状，周边为白色（图2A）。

5.2.2 直接镜检

取病禽肺或气囊上的白色或灰白色结节，放在载玻片上滴加10% ～ 20% 的氢氧化钾溶液 1 ～ 2 滴，浸泡 10 min，加盖玻片后用酒精灯加热，轻压盖玻片，使之透明，在显微镜下可观察到曲霉菌气生菌丝一端膨大形成顶囊，上有放射状排列小梗，并分别产生许多分生孢子，形如葵花状（图2B）。

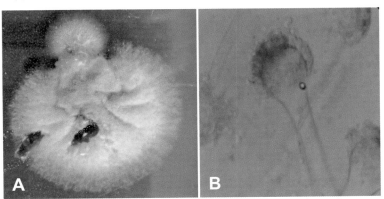

图2　曲霉菌的培养特征（A）和显微镜下观察到的霉菌孢子（B）

6　预防与控制

霉菌孢子广泛存在于自然界，在温暖、潮湿、通风不畅的条件下很容易滋生繁殖。科学的饲养管理是预防本病的最好办法，应保持饲料新鲜，不使用过期、发霉的饲料和垫料，并经常清洗消毒饲槽和饮水器。霉菌大部分是通过呼吸道感染家禽，所以应保持合理的饲养密度，保持圈舍通风换气，从而降低空气中霉菌数量。为防止种蛋污染，应及时收蛋，保持蛋库与蛋箱卫生。

若发生本病，应尽早移走污染霉菌的饲料与垫料，并彻底清扫禽舍，用福尔马林熏蒸消毒，并更换新鲜饲料和清洁垫料。严重病例进行扑杀和淘汰，轻症者可用 1：2 000 或 1：3 000 的硫酸铜溶液饮水连用 3 d 左右，可有效减少新病例的发生，控制本病的继续蔓延[6]。

参考文献

[1] Beernaert L A, Pasmans F, Van Waeyenberghe L, et al. Aspergillus infections in birds: a review. Avian Pathol, 2010, 39: 25-31.

[2] Akan M, Haziroğlu R, Ilhan Z, et al. A case of aspergillosis in a broiler breeder flock. Avian Dis, 2002, 46: 497-501.

[3] Forbes N A, Simpson G N, Goudswaard M F. Diagnosis of avian aspergillosis and treatment with itraconazole. Vet Rec, 1992, 130: 519-520.

[4] Cacciuttolo E, Rossi G, Nardoni S, et al. Anatomopathological aspects of avian aspergillosis. Vet Res Commun, 2009, 33: 521-527.

[5] Jones M P, Orosz S E. The diagnosis of aspergillosis in birds. Seminars in Avian and Exotic Pet Medicine, 2000, 9: 52-58.

[6] 蒙晓雷, 杨晓伟, 刘志鹏, 等. 家禽曲霉菌病的防治方法. 畜牧与饲料科学, 2014, 35(6): 121-122.

禽念珠菌病
avian moniliasis, AM

1　病原学

念珠菌病又称霉菌性口炎、念珠菌口炎和"鹅口疮"，是由白色念珠菌（*Candida albicans*）感染引起的禽类上消化道真菌性传染病[1]。其病原菌属于念珠菌属，革兰染色阳性，对外界环境及消毒药有很强的抵抗力。本菌是一种共生性的真菌，在自然界广泛存在，与人源菌株的致病性没有差异[2]。

2　流行病学

在自然条件下多种禽类均可感染白色念珠菌，特别是幼龄的鸡、鸽、火鸡、鸭、鹅[3]。幼禽对本病的易感性比成禽高，鸡群中发病的大多数为2个月以内的幼鸡[2]。禽类发生念珠菌病往往呈散发性，一旦暴发，即可造成巨大损失。本病四季均有发生，但在春夏较温暖潮湿季节多发。病鸡的粪便含有大量病菌，在污染材料、饲料和环境后可通过消化道传播给其他鸡只。本病是一种条件性传染病，与饲养管理、卫生条件等密切相关，饲养环境差、饲料单一、通风不良、抗生素使用不当等是本病的诱因。

3　临床症状

鸡只轻微感染时，无明显症状，不易察觉。严重感染时，主要表现吞咽困难，生长缓慢，鸡体消瘦，嗉囊逐渐增大并下垂。将病鸡倒提常有大量酸败气味的液体从口鼻腔流出。部分鸡只在眼睑、口角部位出现痂皮，有的会出现下痢，粪便呈灰白色。

4　剖检变化

剖检后可见病变多位于上消化道，喙缘结痂，口腔、咽和食道有干酪样假膜、溃疡斑或坏死。嗉囊黏膜明显增厚，黏膜表面有白色、圆形隆起的斑块，呈豆腐渣样外观，实为松软、白色或黄白色至灰色不规则伪膜，易剥离。

5 诊断方法

根据流行病学特点、临床症状和上消化道黏膜的特征性增生、假膜和溃疡灶可以做出初步诊断，确诊需要依靠以下实验室方法。

5.1 显微镜镜检

在 600 倍显微镜下弱光检查可见边缘暗褐、中间透明的一束束短小枝样菌丝和卵圆形芽生孢子。油镜下可见大量革兰阳性的圆形或卵圆形、壁薄的酵母样孢子，着色不均，大小 2 ～ 6 μm，单个分散，有芽分生孢子，偶见假菌丝。

5.2 分离培养

从病变部位取样，接种于添加有 50 μg/mL 氯霉素和 0.5 mg/mL 环己亚胺的萨布罗氏葡萄糖琼脂中，37℃培养 24 ～ 48 h，可见白色奶油状隆起的菌落[1]。

5.3 生化试验

在含有 1% 可发酵物质和 1% 安德莱特氏指示剂的邓亨氏蛋白胨水中，该菌能发酵葡萄糖、果糖、麦芽糖和甘露醇，产酸产气；有的能在半乳糖和蔗糖中轻度产酸；不发酵糊精、菊糖、乳糖、棉子糖和山梨醇。明胶穿刺培养可见短绒毛状或树枝状旁枝而不液化培养基[4, 5]。

5.4 其他

可以采用血清学、PCR 和动物接种试验等方法进行诊断[6, 7]。

6 预防与控制

消化道真菌病往往与不卫生的饲养环境相关，因此应严格控制禽舍环境卫生条件，加强管理，搞好清洁卫生工作，常对地面、用具、工作服等进行彻底消毒。不喂霉变饲料，减少抗生素用量和次数。同时因幼禽更易发生消化道感染，所以应采用更为严格的预防控制措施，一方面要在引进雏禽前对禽舍彻底消毒，另一方面要降低禽舍湿度，防止供水系统漏水，及时清理过湿板结垫料，以保持室内干燥，防止真菌滋生。

有研究报道临床分离的念珠菌对制霉菌素敏感[8]，所以可以用其治疗念珠菌病。由于病禽采食量明显下降，而饮水量显著增加，所以可尝试通过在饮水中添加制霉菌素来治疗念珠菌病。

参考文献

[1] Saif Y M. 禽病学 . 12 版 . 苏敬良，高福，索勋主译 . 北京 : 中国农业出版社 , 2012.

[2] 郑世军 . 现代动物传染病学 . 北京 : 中国农业出版社 , 2013.

[3] 崔治中 . 禽病诊治彩色图谱 . 北京 : 中国农业出版社 , 2002.

[4] Ramani R, Gromadzki S, Pincus D H, et al. Efficacy of API 20C and ID 32C systems for identification of commonand rare clinical yeast isolates. J Clin Microbiol, 1998, 36: 3396-3398.

[5] Wadlin J K, Hanko G, Stewart R, et al. Comparison of three commercial systems for identification of yeasts commonly isolated in the clinical microbiology laboratory. J Clin Microbiol, 1999, 37: 1967-1970.

[6] Chen X, Shi W, Liu P, et al. Development of molecular assays in the diagnosis of Candida albicans infections. Ann Microbiol, 2011, 61: 403-409.

[7] 刘建钗，马邺生，柳焕章，等 . 禽白念珠菌基于 SYBR Green Ⅰ 染色的 LC-PCR 检测方法的建立 . 中国兽医科学 , 2016, 46(6): 799-804.

[8] Lin M Y, Huang K J, Kleven S H. In vitro comparison of the activity of various antifungal drugs against new yeast isolates causing thrush in poultry. Avian Dis, 1989: 416-421.